职业教育一体化系列教材

电动机控制线路安装与检修
工作页
（任务驱动模式）

主　编　杨杰忠　李仁芝

副主编　邹火军　潘协龙　潘　鑫

参　编　陈毓惠　吴云艳　熊　祺　覃　斌　黄　波　姚天晓

　　　　周立刚　赵月辉　黄　标　姚　坚　莫扬平　覃光锋

　　　　覃健强　卢德山

主　审　屈远增

电子工业出版社

Publishing House of Electronics Industry

北京·BEIJING

内 容 简 介

本书以任务驱动教学法为主线，以应用为目的，以具体任务为载体，主要内容包括连续控制电路的安装与检修、装料小车控制电路的安装与检修、降压启动器的安装与检修、顺序控制电路的安装与检修、电动机制动控制电路的安装与检修、双速异步电动机控制电路的安装与检修等六个学习任务。

本书可作为技工院校、职业院校及成人高等院校、民办高校的电气运行与控制专业、电气自动化专业、机电一体化、机电技术应用等专业学生的学材。

图书在版编目 (CIP) 数据

电动机控制线路安装与检修工作页/杨杰忠，李仁芝主编．—北京：电子工业出版社，2016.5

ISBN 978-7-121-28665-0

I. ①电… II. ①杨… ②李 III. ①电机－控制电路－安装②电动机－控制电路－检修 IV. ①TM320.12

中国版本图书馆 CIP 数据核字（2016）第 089343 号

策划编辑：张　凌

责任编辑：张　凌

印　　刷：北京捷迅佳彩印刷有限公司

装　　订：北京捷迅佳彩印刷有限公司

出版发行：电子工业出版社

　　　　　北京市海淀区万寿路 173 信箱　　邮编：100036

开　　本：787×1 092　1/16　印张：7.5　字数：192 千字

版　　次：2016 年 5 月第 1 版

印　　次：2024 年 7 月第 7 次印刷

定　　价：19.50 元

凡所购买电子工业出版社图书有缺损问题，请向购买书店调换。若书店售缺，请与本社发行部联系，联系及邮购电话：(010)88254888，88258888。

质量投诉请发邮件至 zlts@phei.com.cn，盗版侵权举报请发邮件至 dbqq@phei.com.cn。

本书咨询联系方式：(010)88254583，zling@ phei.com.cn。

序　言

　　加速转变生产方式，调整产业结构，将是我国国民经济和社会发展的重中之重。而要完成这种转变和调整，就必须有一大批高素质的技能型人才作为坚实的后盾。根据《国家中长期人才发展规划纲要（2010—2020 年）》的要求，至 2020 年，我国高技能型人才占技能劳动者的比例将由 2008 年的 24.4%上升到 28%（目前一些经济发达国家的这个比例已达 40%）。可以预见，作为高技能型人才培养重要组成部分的高级技工教育，在未来的 10 年必将会迎来一个高速发展的黄金期。近几年来，各职业院校都在积极开展高级技工培养的试点工作，并取得了较好的效果。但由于起步较晚，课程体系、教学模式都还有待完善和提高，教材建设也相对滞后，至今还没有一套适合高级技工教育快速发展需要的成体系、高质量的教材。即使一些专业（工种）有高级技工教材也不是很完善，或是内容陈旧、实用性不强，或是形式单一、无法突出高技能型人才培养的特色，更没有形成合理的体系。因此，开发一套体系完整、特色鲜明、适合理论实践一体化教学、反映企业最新技术与工艺的高级技工教材，就成为高级技工教育亟待解决的课题。

　　鉴于高级技工短缺的现状，广西机电技师学院与电子工业出版社从 2012 年 6 月开始，组织相关人员，采用走访、问卷调查、座谈会等方式，对全国具有代表性的机电行业企业、部分省市的职业院校进行了调研。对目前企业对高级技工的知识、技能要求，学校高级技工教育教学现状、教学和课程改革情况，以及对教材的需求等有了比较清晰的认识。在此基础上，紧紧依托行业优势，以为企业输送满足其岗位需求的合格人才为最终目标，组织了行业和技能教育方面的专家对编写内容、编写模式等进行了深入探讨，形成了本系列教材的编写框架。

　　本系列教材的编写指导思想明确，坚持以达到国家职业技能鉴定标准和就业能力为目标，以专业（工种）的工作内容为主线，以工作任务为引领，由浅入深，循序渐进，精简理论，突出核心技能与实操能力，使理论与实践融为一体，充分体现"教"、"学"、"做"合一的教学思想，致力于构建符合当前教学改革方向的，以培养应用型、技术型和创新型人才为目标的教材体系。

　　本系列教材重点突出三个特色：一是"新"字当头，即体系新、模式新、内容新。体系新是把教材以学科体系为主转变为以专业技术体系为主；模式新是把教材传统章节模式转变为以工作过程的项目任务为主；内容新是教材充分反映了新材料、新工艺、新技术、新方法等"四新"知识。二是注重科学性。教材从体系、模式到内容符合教学规律，符合国内外制造技术水平的实际情况。在具体任务和实例的选取上，突出先进性、实用性和典型性，便于组织教学，以提高学生的学习效率。三是体现普适性。由于当前高级工生源既有中职毕业生，又有高中生，各自学制也不同，还要考虑到在职员工，教材内容安排上尽量照顾到了不同的求学者，适用面比较广泛。

　　此外，本系列教材还配备了电子教学数字化资源库，以及相应的工作页、习题集，实习教程和现场操作视频等，初步实现教材的立体化。

  我相信，本系列教材的出版，对深化职业技术教育改革，提高高级技工培养的质量，都会起到积极的作用。在此，我谨向各位作者和为这套教材出力的学者和单位表示衷心的感谢。

广西机电技师学院院长

广西机械高级技工学校校长

前　言

　　随着加快转变经济发展方式、推进经济结构调整，以及大力发展高端制造产业等新兴战略性产业，迫切需要加快培养一大批具有精湛技能和高超技艺的技能人才。为了遵循技能人才成长规律，切实提高培养质量，进一步发挥技工院校和职业院校在技能人才培养中的基础作用，从 2009 年开始，我校作为首批人力资源和社会保障部一体化课程教学改革试点学校，启动了一体化课程教学改革的试点工作，推进以职业活动为导向，以企业合作为基础，以综合职业能力培养为核心，理论教学与技能操作融合贯通的一体化课程教学改革。特别是作为国家中等职业教育改革发展示范学校建设以来，这项改革试点将传统的以学历为基础的职业教育转变为以职业技能为基础的职业能力教育，促进了职业教育从知识教育向能力培养转变，努力实现着将"教、学、做"融为一体。改革试点得到了学校师生和用人单位的充分认可，普遍反映一体化课程教学改革是技工院校和职业院校的一次"教学革命"，学生的学习热情、教学组织形式、教学手段和学生的综合素质都发生了根本性变化。试点的成果表明，一体化课程教学改革是转变技能人才培养模式的重要抓手，是推动技工院校和职业院校改革发展的重要举措。

　　教学改革的成果最终要以教材（学材）为载体进行体现和传播。根据人力资源和社会保障部、教育部推进一体化课程教学改革的要求，我校组织一体化课程专家、企业专家、企业能工巧匠兼职教师、专业骨干教师以及电子工业出版社的编辑团队，用了三年的时间，组织实施了一体化课程教学改革试点，并将试点中形成的课程成果进行了整理、提炼，汇编成"工作页"教材（学材）。这套教材（学材）不仅在形式上打破了传统教材的编写模式，而且在内容上突破了传统教材的结构体例。这套教材及配套资料的出版，不仅是本次一体化课程教学改革试点工作的阶段性总结，也是一体化课程教学改革不断深化和全面推广的一个起点。希望本套教材的出版能进一步推动技工院校和职业院校的教学改革，促进内涵发展，提升办学质量，为加快培养合格的技能人才做出新的贡献！

　　由于编者水平有限，书中若有错漏和不妥之处，恳请读者批评指正。

编　者

目　录

学习任务 1　连续控制电路的安装与检修···1
　学习活动 1　明确工作任务···2
　学习活动 2　施工前的准备···4
　学习活动 3　现场施工···14
　学习活动 4　工作总结与评价···23

学习任务 2　装料小车控制电路的安装与检修···25
　学习活动 1　明确工作任务···26
　学习活动 2　施工前的准备···28
　学习活动 3　现场施工···37
　学习活动 4　工作总结与评价···45

学习任务 3　降压启动器的安装与检修···47
　学习活动 1　明确工作任务···48
　学习活动 2　施工前的准备···51
　学习活动 3　现场施工···57
　学习活动 4　工作总结与评价···61

学习任务 4　顺序控制电路的安装与检修··63
　学习活动 1　明确工作任务···64
　学习活动 2　施工前的准备···66
　学习活动 3　明确工作任务···71
　学习活动 4　工作总结与评价···76

学习任务 5　电动机制动控制电路的安装与检修··78
　学习活动 1　明确工作任务···79
　学习活动 2　施工前的准备···81
　学习活动 3　现场施工···88
　学习活动 4　工作总结与评价···93

学习任务 6　双速异步电动机控制电路的安装与检修···95
　学习活动 1　明确工作任务···96
　学习活动 2　施工前的准备···98
　学习活动 3　现场施工··103
　学习活动 4　工作总结与评价··108

学习任务 1 连续控制电路的安装与检修

学习目标

1. 能通过阅读工作任务联系单和现场勘察，明确工作任务要求。
2. 能正确描述砂轮机的结构、作用和运动形式，认识相关低压电器的外观、结构、用途、型号、应用场合等。
3. 能正确识读电气原理图，正确绘制安装图、接线图，明确控制器件的动作过程和控制原理。
4. 能按图纸、工艺要求、安全规范等正确安装元器件、完成接线。
5. 能正确使用仪表检测电路安装的正确性，按照安全操作规程完成通电试车。
6. 能正确标注有关控制功能的铭牌标签，施工后能按照管理规定清理施工现场。

建议课时：80课时

工作场景描述

为了满足实训需要，学校要为实训楼的 10 个实训室分别配置砂轮机，但电气控制部分严重老化无法正常工作，需进行重新安装，电工班接受此任务，要求在规定期限完成安装、调试，并交给有关人员验收。

工作流程与活动

1. 明确工作任务
2. 施工前的准备
3. 现场施工
4. 总结与评价

学习活动 1 明确工作任务

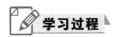

学习目标

1. 原理能通过阅读工作任务联系单，明确工作内容、工时等要求。
2. 能描述砂轮机的结构、作用、运动形式及各个电气元件所在位置和作用。

建议课时：8 课时

学习过程

一、阅读工作任务联系单

阅读工作任务联系单，说出本次任务的工作内容、时间要求及交接工作的相关负责人等信息，并根据实际情况补充完整。

工作任务联系单

安装项目	连续控制电路的安装与检修				
安装周期	2 周		制作地点	学校电工实训室	
项目描述					
报修部门	电气工程系	承办人	张三	开始时间	年 月 日
		联系电话	3862291		
制作单位	电工电子班	责任人		承接时间	年 月 日
		联系电话			
制作人员				完成时间	年 月 日
验收意见				验收人	
处室负责人签字		设备科负责人签字			

阅读工作任务联系单，以小组为单位讨论其内容，提炼、总结以下主要信息，再根据教师点评和组间讨论的意见，改正其中的错误和疏漏之处。

（1）该项工作的工作地点是_____。

（2）该项工作的开始时间是_____。

（3）该项工作的完成时间是＿＿＿＿＿＿＿＿＿＿＿＿＿＿＿＿＿＿＿。

（4）该项工作的总用时是＿＿＿＿＿＿＿＿＿＿＿＿＿＿＿。

（5）该项工作的报修部门是＿＿＿＿＿＿＿＿＿＿＿＿＿＿。

（6）该项工作的具体内容是＿＿＿＿＿＿＿＿＿＿＿＿＿＿＿＿＿＿＿＿＿。

（7）该项任务交给你和同组人，则你们的角色是＿＿＿＿＿＿人（单位）。

（8）该项工作完成后交给＿＿＿＿＿＿＿＿进行验收。

（9）验收意见应该由＿＿＿＿＿＿填写，通常填写的内容可能有＿＿＿＿＿＿＿＿＿＿＿＿

＿＿＿＿＿＿＿＿＿＿＿＿＿＿＿＿＿＿＿＿＿＿＿＿＿＿。

（10）使用工作任务联系单的目的是＿＿＿＿＿＿＿＿＿＿＿＿＿＿＿＿＿＿。

学习活动 2 施工前的准备

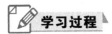 **学习目标**

1. 认识本任务所用低压电器，能描述它们的结构、用途、型号、应用场合。
2. 能准确识读电气元件符号。
3. 能正确识读砂轮机电气原理图。
4. 能正确绘制电气布置图和接线图。
5. 能根据任务要求和实际情况，合理制订工作计划。

建议课时：44 课时

学习过程

一、认识元器件

1. 选出本电路中所用到的各种电气元件，查阅相关资料，对照图片写出其名称、符号及功能，完成表 1-1。

表 1-1 元器件明细表

实物照片	名　称	文字符号及图形符号	功能与用途

续表

实物照片	名　称	文字符号及图形符号	功能与用途

2．低压断路器的作用及选用原则是什么？

3. 常用的低压熔断器有多种类型，查阅相关资料，列举常见的类型，并写出使用场合。

4. 按钮开关由常开触点和常闭触点组成，查阅相关资料，写出常开触点和常闭触点的电气符号。画出实物图，分别标出常开触点和常闭触点。写出按钮开关的工作原理。

5. 查阅相关资料，画出交流接触器线圈、主触头、辅助常开触头和辅助常闭触头的电气符号。在图 1-1 所示实物图中分别标出各部分所在的位置。写出交流接触器的工作原理。

图 1-1　交流接触器实物图

6．查阅相关资料，画出热继电器实物图，分别标出常开触点和常闭触点。画出常开触点和常闭触点的电气符号。写出热继电器的工作原理。

7．观察教师展示的三相笼型异步电动机实物或模型，结合如图 1-2 所示的三相异步电动机结构图，将各部分名称补充完整。

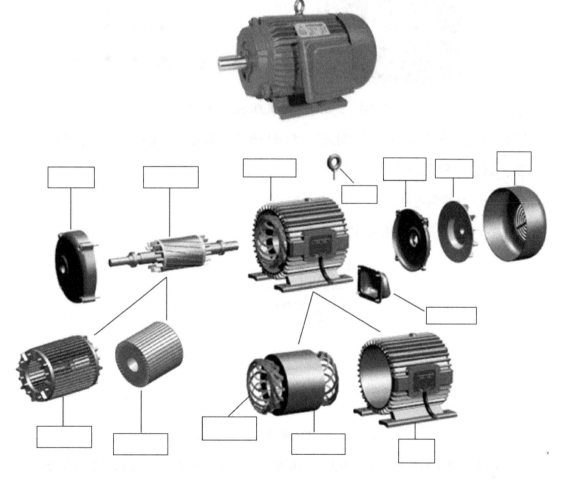

图 1-2　三相异步电动机结构图

8．通过观察电动机实物或模型可以发现，电动机定子绕组的接线通常有星形和三角形两种不同的接法。查阅相关资料，了解两种接法的特点，将如图 1-3 和图 1-4 所示中的接线补充完整，并回答问题。

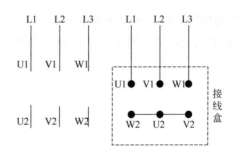

图 1-3　三相异步电动机的绕组星形连接

图 1-3 所示为定子绕组的星形接法，此时每相绕组的电压是线电压的＿＿＿＿＿＿倍。

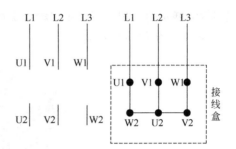

图 1-4　三相异步电动机的绕组三角形连接

图 1-4 所示为定子绕组的三角形接法，此时每相绕组的电压是线电压的＿＿＿＿＿＿倍。

二、识读电气原理图

1．手动正转控制电路。

如图 1-5 所示是手动控制电动机正转控制电路。

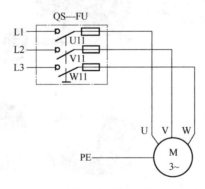

图 1-5　手动控制电动机正转控制电路

（1）本电路采用的是什么输入电源？相电压、线电压分别是多少？L1、L2、L3 分别表示什么？

（2）如何区别电路中三条或者三条以上导线是否相交？

（3）写出本电路的工作原理。

（4）指出本电路的特点和不足。

2．电动机点动控制电路。

如图 1-6 所示是最简单的电动机点动控制电路的原理图，结合所学的知识，分析其工作原理，回答以下问题。

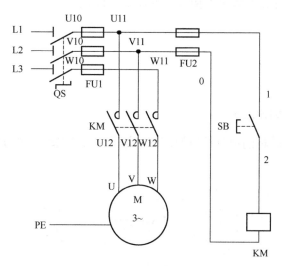

图 1-6　电动机点动控制电路

（1）在图中分别标出主电路、控制电路。

（2）电路中 SB 是什么开关，在电路中的作用是什么？

（3）图中有两处均标有 KM，分别表示什么？它们之间有什么关系？

（4）FU1、FU2 是什么元件，在电路中的作用是什么？标出保护范围。

（5）写出电路工作原理及控制电路电流路径。

（6）电路中 PE 是什么？如果不接会出现什么后果？

3．砂轮机的电气控制电路。

如图 1-7 所示是砂轮机的电气控制原理图，实际也就是电动机单方向连续运行控制电路的原理图。

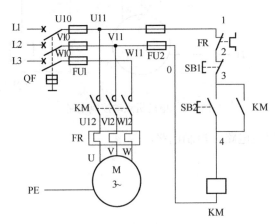

图 1-7　电动机单方向连续运行控制电路

（1）指出连续运行控制电路与点动控制电路的区别在哪里？

（2）图中有两处均标有 FR，分别表示什么？在电路中的作用是什么？如何实现保护作用？

（3）SB1、SB2 分别是什么开关？在电路中的作用是什么？

（4）电路中与 SB2 并联的开关 KM 的名称是什么？在电路中的作用是什么？

（5）写出电路工作原理及按下启动开关控制电路电流路径。

4．查阅相关资料，画出点动和连续运行控制电路原理图。

三、绘制布置图和接线图

1．绘制布置图。

布置图（又称电气元件位置图）主要用来表明电气系统中所有电气元件的实际位置，为生产机械电气控制设备的制造、安装提供必要的资料。一般情况下，布置图是与接线图组合在一起使用的，以便清晰地表示出所使用电器的实际安装位置。查阅相关资料，学习布置图的绘制规则，在以下方框中绘制电动机单方向连续运行控制电路的布置图。

2．绘制接线图。

接线图用规定的图形符号，按各电气元件相对位置进行绘制，表示各电气元件的相对位置和它们之间的电路连接状况。在绘制时，不但要画出控制柜内部各电气元件之间的连接方式，还要画出外部相关电器的连接方式。接线圈中的回路标号是电气设备之间、电气元件之间、导线与导线之间的连接标记，其文字符号和数字符号应与原理图中的标号一致。查阅相关资料，学习接线图的绘制规则，在以下方框中根据布置图画出接线图。

四、制订工作计划

查阅相关资料，了解任务实施的基本步骤，结合实际情况，制订小组工作计划。

"连续控制电路的安装与检修"工作计划

一、人员分工

1．小组负责人：＿＿＿＿＿＿＿＿＿＿＿

2．小组成员及分工

姓　名	分　工

二、工具及材料清单

序 号	工具或材料名称	单 位	数 量	备 注

三、工序及工期安排

序 号	工作内容	完成时间	备 注

四、完全防护措施

五、评价

以小组为单位，展示本组制订的工作计划。然后在教师点评的基础上对工作计划进行修改完善，并根据表 1-2 进行评分。

表 1-2　测评表

评价内容	分 值	评 分		
		自我评价	小组评价	教师评价
计划制订是否有条理	10			
计划是否全面、完善	10			
人员分工是否合理	10			
任务要求是否明确	20			
工具清单是否正确、完整	20			
材料清单是否正确、完整	20			
团结协作	10			
合　计				

学习活动 3　现场施工

 **学习目标**

1. 能正确安装砂轮机电气控制电路。
2. 能正确使用万用表进行电路检测，完成通电试车，交付验收。
3. 能正确标注有关控制功能的铭牌标签，施工后能按照管理规定清理施工现场。

建议课时：24课时

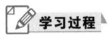 **学习过程**

本活动的基本施工步骤如下：

元器件检测→定位元器件→安装元器件→接线→自检→通电试车（调试）→交付验收。

一、元器件检测

检测元器件，完成表 1-3。

表 1-3　元器件检测表

实物照片	名　称	检测步骤	是否可用

续表

实物照片	名　称	检测步骤	是否可用

二、元器件位置固定

1. 查阅相关资料，写出元器件固定的工艺要求。

2．按要求进行元器件固定操作，将操作中遇到的问题记录在表 1-4 中。

表 1-4　元器件安装情况记录表

所遇到的问题	解决方法

三、根据接线图和布线工艺要求完成布线

板前明线布线原则是：

（1）布线通道要尽可能少，同路并行导线按主、控电路分类集中，单层密排，紧贴安装面布线。

（2）同平面的导线应高低一致或前后一致，不能交叉。非交叉不可时，该导线应在从接线端子引出时就水平架空跨越，且必须走线合理。

（3）布线应横平竖直、分布均匀。变换走向时应垂直转向。

（4）布线时严禁损伤线芯和导线绝缘层。

（5）布线顺序一般以接触器为中心，按照由里向外、由低至高，先控制电路、后主电路的顺序进行，以不妨碍后续布线为原则。

（6）在每根剥去绝缘层导线的两端套上编码套管。所有从一个接线端子（或接线桩）到另个接线端子（或接线桩）的导线必须连续，中间无接头。

（7）导线与接线端子或接线桩连接时，不得压绝缘层、不反圈、不露铜过长。同元件、同一回路不同接点的导线间距应保持一致。

（8）每个电气元件接线端子上的连接导线不得多于两根，每个接线端子上的连接导线一般只允许连接一根。

按照以上原则进行布线施工，回答以下问题：

1．电源进线是否要跟接线端子（排）连接？

2．按钮开关出来的导线是否要跟接线端子（排）连接？

3．该工作任务完成后，应粘贴哪些标签？

4. 按工艺要求进行布线，将操作中遇到的问题记录在表 1-5 中。

表 1-5　控制电路安装情况记录表

所遇到的问题	解决方法

四、自检

1. 安装完毕后进行自检。

首先直观检查接线是否正确、规范。按电路图或接线图，从电源端开始逐段检查接线及接线端子处线号是否正确、有无漏接或错接之处。检查导线接点是否符合要求、接线是否牢固。同时注意接点接触应良好，以避免带负载运转时产生闪弧现象。将存在的问题记录在表 1-6 中。

表 1-6　自检情况记录表

自检项目	自检结果	出现问题的原因及解决办法
按照电路图正确接线	电路安装中存在_____处接线错误	
导线线圈反接	导线连接中有_____处反接	
元器件完好、导线无损伤	安装过程中损坏或碰伤元器件、导线有_____处	
布线美观、横平竖直，无交叉	布线不整齐、不美观有____处，有交叉现象_____处	
导线松动，压线	电路安装中存在_____处接线松动，存在_____处压线	
其他问题		

2. 电阻法检测电路。

检测控制电路：

（1）用万用表检查时，应选用倍率适当的电阻挡，并进行校零，然后将万用表的表笔分别搭接在控制电路的进线端上，测量进线端之间的直流电阻，此时的读数应为"∞"。若读数为零，则说明电路有短路现象；若此时的读数为接触器线圈的直流电阻值，则说明电路接错会造成合上总电源开关后，在没有按下点动按钮 SB 的情况下，接触器 KM 会直接获电动作。

（2）按下按钮 SB，万用表读数应为接触器线圈的直流电阻值。同时按下停止按钮，此时的读数应为"∞"。

检测主电路：

（1）用万用表检查时，应选用倍率适当的电阻挡，并进行校零，然后将万用表的表笔分别搭接在任意两主电路的进线端上，测量进线端之间的直流电阻，此时的读数应为"∞"。若读数为零，则说明电路有短路现象。

（2）人为将交流接触器 KM 吸合，万用表检查时，应选用倍率适当的电阻挡，并进行校零，然后将万用表的表笔分别搭接在任意两主电路的进线端上，测量进线端之间的直流电阻，此时的读数应为电动机两相绕组的阻值。若读数为零，则说明电路有短路现象。如果读数为"∞"，则有一相断开。

检测电路，填写表 1-7。

表 1-7 自检情况记录表

自检项目	自检结果	问题的原因及解决办法
控制电路：L1、L2 之间的电阻	不按启动按钮： 按下启动按钮： 按下启动按钮同时按下停止按钮：	
主电路：L1、L2 之间的电阻 L1、L3 之间的电阻 L2、L3 之间的电阻		
其他问题		

⚠ 注意

如果按下 SB2，L1、L2 之间的电阻为"∞"，可按图 1-8 所示依次测量 0~2，0~3，0~4，0~5 之间的电阻并做好记录，判断出故障点。

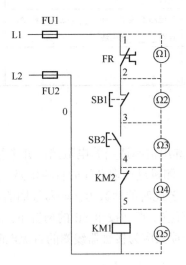

图 1-8 电阻法检测电路示意图

3．电压法检测电路是否正常。

如图 1-9 所示，首先合上电源开关 QF，按下点动按钮 SB2，接触器 KM1 不吸合，说明电源出现问题或控制电路有故障。测量检查时，首先把万用表的转换开关置于 500V 的挡位上。用万用表分别测量电源电压是否正常，若为 380V，则说明电源电压正常。然后可用万用表的红、黑两根表笔逐段测量 0~1、0~2、0~3 及 0~4 两点间的电压，根据测量结果可找出故障点。

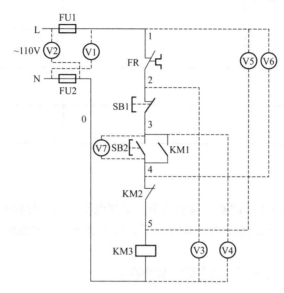

图 1-9　电压法检测电路示意图

用电压法检测电路，填写表 1-8。

表 1-8　自检情况记录表

自检项目	自检结果	出现问题的原因及解决办法
控制电路：		
主电路：		
其他问题		

4. 用兆欧表检查电路的绝缘电阻，将 U、V、W 分别与兆殴表的 L 表笔相连，外壳与 E 相连。其阻值应不小于 1 MΩ。将测量结果记录在表 1-9 中。

表 1-9　自检情况记录表

自检项目	自检结果	出现问题的原因及解决办法

五、通电试车

断电检查无误后，经教师同意，通电试车，观察电动机的运行状态，测量相关技术参数，若存在故障，及时处理。电动机运行正常无误后，标注有关控制功能的铭牌标签，清理施工现场，交付验收人员检查。

1．查阅相关资料，写出通电试车的一般步骤。

2．通电试车的安全要求有哪些？

3．通电试车过程中，若出现异常现象，应立即检修。在教师指导下进行检修操作，并记录操作过程和测试结果，填写表 1-10。先不带电机通电试车，试车成功后再带电机试车操作。

表 1-10　故障检修记录表

故障现象	故障原因	检修思路

续表

故障现象	故障原因	检修思路

六、项目验收

1. 在验收阶段，各小组派出代表进行交叉验收，并填写详细验收记录，完成表 1-11。

表 1-11　验收过程问题记录表

验收问题	整改措施	完成时间	备注

2. 以小组为单位认真填写任务验收报告（表 1-12），并将学习活动 1 中的工作任务联系单填写完整。

表 1-12　任务验收报告

工程项目名称	连续控制电路的安装与检修			
建设单位		联系人		
地址		电话		
施工单位		联系人		
地址		电话		
项目负责人		施工周期		
工程概况				
现存问题		完成时间		
改进措施				
验收结果	主观评价	客观测试	施工质量	材料移交

七、评价

以小组为单位，展示本组安装成果。根据表 1-13 所示评分标准进行评分。

表 1-13 任务测评表

评分内容		分值	评 分		
			自我评分	小组评分	教师评分
元器件的定位及安装	元器件无损伤	20			
	元器件安装平整、对称				
	按电路图装配，元器件位置、极性正确				
布线	按电路图正确接线	40			
	布线方法、步骤正确，符合工艺要求				
	布线横平竖直、整洁有序，接线紧固美观				
	电源和电动机按钮正确接到端子排上，并准确注明引出端子号				
	接点牢固、接头漏铜长度适中，无反圈、压绝缘层、标记号不清楚、标记号遗漏或误标等问题				
	施工中导线绝缘层或线芯无损伤				
通电调试	热继电器整定值设定正确	30			
	设备正常运转无故障				
	出现故障正确排除				
安全文明生产	遵守安全文明生产规程	10			
	施工完成后认真清理现场				
施工额定用时_____实际用时_____超时扣分_____					
合　计					

学习活动 4　工作总结与评价

 **学习目标**

1. 能以小组形式，对学习过程和实训成果进行汇报总结。
2. 完成对学习过程的综合评价。

建议课时：4 课时

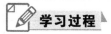 **学习过程**

一、工作总结

以小组为单位，选择演示文稿、展板、海报、录像等形式中的一种或几种，向全班同学展示、汇报学习成果。

二、综合评价（表 1-14）

表 1-14　综合评价表

评价项目	评价内容	评价标准	评价方式		
			自我评价	小组评价	教师评价
职业素养	安全意识、责任意识	A. 作风严谨，自觉遵章守纪，出色地完成工作任务 B. 能够遵守规章制度、较好地完成工作任务 C. 遵守规章制度、没完成工作任务，或虽完成工作任务但未严格遵守或忽视规章制度 D. 不遵守规章制度，没完成工作任务			
	主动学习态度	A. 积极参与教学活动，全勤 B. 缺勤达本任务总学时的 10% C. 缺勤达本任务总学时的 20% D. 缺勤达本任务总学时的 30%			
	团队合作意识	A. 与同学协作融洽、团队合作意识强 B. 与同学沟通、协同工作能力较强 C. 与同学沟通、协同工作能力一般 D. 与同学沟通困难，协同工作能力较差			
专业能力	学习活动 1 明确任务和勘查现场	A. 按时、完整地完成工作页，问题回答正确，数据记录、图纸绘制准确 B. 按时、完整地完成工作页，问题回答基本正确，数据记录、图纸绘制基本准确 C. 未能按时完成工作页，或内容遗漏、错误较多 D. 未完成工作页			

续表

评价项目	评价内容	评价标准	评价方式		
			自我评价	小组评价	教师评价
专业能力	学习活动 2 施工前的准备	A. 学习活动评价成绩为 90～100 分 B. 学习活动评价成绩为 75～89 分 C. 学习活动评价成绩为 60～74 分 D. 学习活动评价成绩为 0～59 分			
	学习活动 3 现场施工	A. 学习活动评价成绩为 90～100 分 B. 学习活动评价成绩为 75～89 分 C. 学习活动评价成绩为 60～74 分 D. 学习活动评价成绩为 0～59 分			
创新能力		学习过程中提出具有创新性、可行性的建议	加分奖励：		
学生姓名			综合评定等级		
指导教师			日　期		

学习任务 2 装料小车控制电路的安装与检修

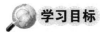

学习目标

1. 能通过阅读工作任务联系单和现场勘察，明确工作任务要求。
2. 能正确描述装料小车的结构、作用和运动形式，认识相关低压电器的外观、结构、用途、型号、应用场合等。
3. 能正确识读电气原理图，正确绘制安装图、接线图，明确控制器件的动作过程和控制原理。
4. 能按图纸、工艺要求、安全规范等正确安装元器件、完成接线。
5. 能正确使用仪表检测电路安装的正确性，按照安全操作规程完成通电试车。
6. 能正确标注有关控制功能的铭牌标签，施工后能按照管理规定清理施工现场。

建议课时：80课时

工作场景描述

某车间需要对装料小车电气控制电路进行安装，要求维修电工班接到此任务后，在规定期限完成安装、调试，并交给有关人员验收。

工作流程与活动

1. 明确工作任务
2. 施工前的准备
3. 现场施工
4. 总结与评价

学习活动 1　明确工作任务

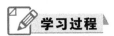

学习目标

1. 能通过阅读工作任务联系单，明确工作内容、工时等要求。
2. 能描述装料小车的结构、作用、运动形式及各个电气元件所在位置和作用。

建议课时：8课时

学习过程

一、阅读工作任务联系单

阅读工作任务联系单，说出本次任务的工作内容、时间要求及交接工作的相关负责人等信息，并根据实际情况补充完整。

工作任务联系单

安装项目	装料小车控制电路的安装与检修				
安装时间		制作地点	学校电子实训室		
项目描述					
报修部门	电气工程系	承办人	张三	开始时间	年　月　日
		联系电话	3862291		
制作单位	维修电工班	责任人		承接时间	年　月　日
		联系电话			
制作人员				完成时间	年　月　日
验收意见				验收人	
处室负责人签字		设备科负责人签字			

阅读工作任务联系单，以小组为单位讨论其内容，提炼、总结以下主要信息，再根据教师点评和组间讨论的意见，改正其中的错误和疏漏之处。

（1）该项工作的工作地点是_____。

（2）该项工作的开始时间是_____。

（3）该项工作的完成时间是_____。

（4）该项工作的总用时是_____。

（5）该项工作的报修部门是_____。

（6）该项工作的具体内容是_____。

（7）该项任务交给你和同组人，则你们的角色是_____人（单位）。

（8）该项工作完成后交给_____进行验收。

（9）验收意见应该由_____填写，通常填写的内容可能有_____

_____。

（10）使用工作任务联系单的目的是_____。

二、装料小车电气控制电路（图 2-1）

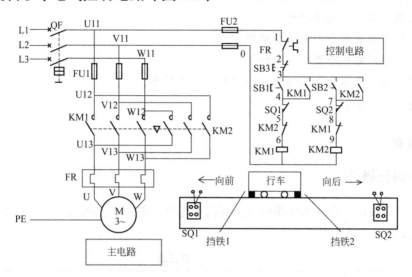

图 2-1　装料小车电气控制电路

学习活动 2　施工前的准备

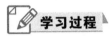 学习目标

1. 认识本任务所用低压电器，能描述它们的结构、用途、型号、应用场合。
2. 能准确识读电气元件符号。
3. 能正确识读装料小车电气原理图。
4. 能正确绘制电气布置图和接线图。
5. 能根据任务要求和实际情况，合理制订工作计划。

建议课时： 44 课时

学习过程

一、认识元器件

1. 结合以前知识，选出本电路中所用到的新电气元件，查阅相关资料，对照图片写出其名称、符号及功能，完成表 2-1。

表 2-1　元件明细表

实物照片	名　称	文字符号及图形符号	功能与用途

2. 查阅相关资料，了解行程开关型号的含义。写出本电路中行程开关的型号，并标出含义。

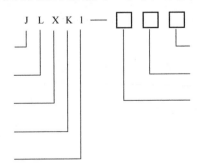

J L X K 1 — □ □ □

3．行程开关由常开触点和常闭触点组成，查阅相关资料，写出常开触点和常闭触点的电气符号。画出实物图，分别标出常开触点和常闭触点。

4．写出行程开关的工作原理。

二、识读电气原理图

1．正、反转电气控制电路原理图。

如图 2-2 所示为接触器控制正、反转电气控制电路原理图，识读电路图，回答以下问题。

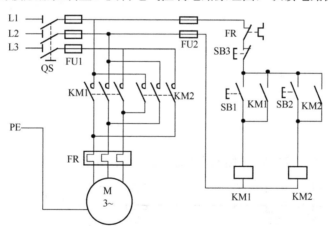

图 2-2　接触器控制正、反转电气控制电路

（1）本电路用到几个交流接触器，作用分别是什么？

（2）正、反转控制电路是如何控制电动机转向的？

（3）SB3、SB1、SB2 在电路中的作用分别是什么？

（4）描述电动机正转及反转的工作原理？

（5）本电路中，如果电动机正在进行正转运行，可以同时按下反转启动按钮吗？为什么？

2. 接触器联锁正、反转控制电路原理图，如图 2-3 所示。

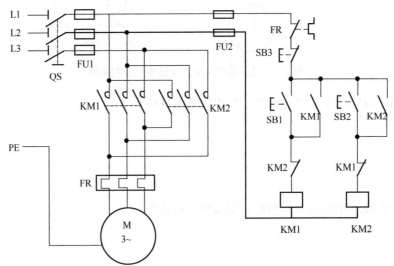

图 2-3　接触器联锁正、反转控制电路

（1）与图 2-2 所示控制电路进行比较，接触器联锁正反转控制电路增加了什么元件？作用是什么？

（2）正确描述本电路的工作原理。

（3）本电路的不足之处是什么？

3．按钮接触器双重联锁正、反转控制电路原理图，如图 2-4 所示。

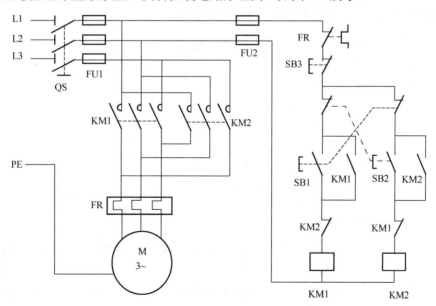

图 2-4　按钮接触器联锁正、反转控制电路

（1）指出虚线两端开关的关系是什么？

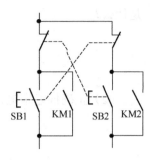

（2）指出本电路的优点？

（3）描述本电路的工作原理，及工作时控制电路的电流途径？

4. 装料小车电气控制电路原理图，如图 2-5 所示。

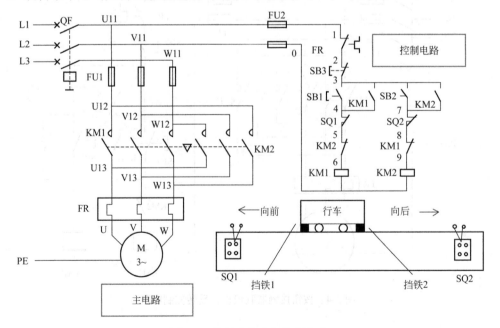

图 2-5　装料小车电气控制电路

（1）SQ1、SQ2 分别是什么开关？

（2）描述电路的工作原理。

三、绘制布置图和接线图

1．绘制布置图。

查阅相关资料，学习布置图的绘制规则，在以下方框中绘制电动机双重联锁正、反转控制电路的布置图。

2．绘制接线图。

查阅相关资料，学习接线图的绘制规则，在图 2-6 所示方框中根据布置图画出接线图。

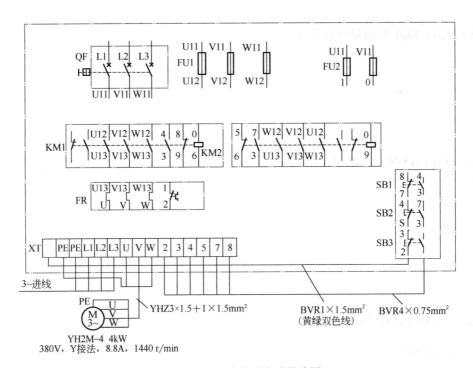

图 2-6　装料小车控制电路接线图

3. 查阅相关资料，学习接线图的绘制规则，完成图 2-7 所示装料小车电气控制电路实物接线图。

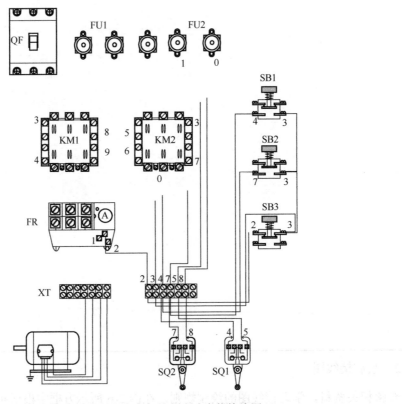

图 2-7　装料小车电气控制电路实物接线图

四、制订工作计划

查阅相关资料，了解任务实施的基本步骤，结合实际情况，制订小组工作计划。

"装料小车控制电路的安装与检修"工作计划

一、人员分工

1. 小组负责人：_____

2. 小组成员及分工

姓 名	分 工

二、工具及材料清单

序 号	工具或材料名称	单 位	数 量	备 注

三、工序及工期安排

序 号	工作内容	完成时间	备 注

四、完全防护措施

五、评价

以小组为单位，展示本组制订的工作计划。然后在教师点评的基础上对工作计划进行修改完善，并根据表 2-2 进行评分。

表 2-2　测评表

评价内容	分　值	评　分		
		自我评价	小组评价	教师评价
计划制订是否有条理	10			
计划是否全面、完善	10			
人员分工是否合理	10			
任务要求是否明确	20			
工具清单是否正确、完整	20			
材料清单是否正确、完整	20			
团结协作	10			
合　计				

学习活动 3 现场施工

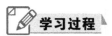 **学习目标**

1. 能正确安装装料小车电气控制电路。
2. 能正确使用万用表进行电路检测，完成通电试车，交付验收。
3. 能正确标注有关控制功能的铭牌标签，施工后能按照管理规定清理施工现场。

建议课时：24 课时

学习过程

本活动的基本施工步骤如下：
元器件检测→定位元器件→安装元器件→接线→自检→通电试车（调试）→交付验收。

一、元器件检测

检测元器件，完成表 2-3。

表 2-3　元器件检测记录表

实物照片	名　称	检测步骤	是否可用

续表

实物照片	名　称	检测步骤	是否可用

二、元器件位置固定

按学习任务 1 中的要求进行元器件固定操作，将操作中遇到的问题记录在表 2-4 中。

表 2-4 元器件安装情况记录表

电路名称	所遇问题	解决方法
接触器联锁正、反转控制电路		
按钮接触器双重联锁正、反转控制电路		
装料小车控制电路		

三、根据接线图和布线工艺要求完成布线

1. 按照学习任务 1 中的布线原则进行布线施工，将操作中遇到的问题记录在表 2-5 中。

表 2-5 控制电路安装情况记录表

电路名称	所遇问题	解决方法
接触器联锁正、反转控制电路		
按钮接触器双重联锁正、反转控制电路		
装料小车控制电路		

2. 该工作任务完成后，应粘贴哪些标签？

四、自检

1. 安装完毕后进行自检。

首先直观检查接线是否正确、规范。按电路图或接线图，从电源端开始逐段检查接线及接线端子处线号是否正确、有无漏接或错接之处。检查导线接点是否符合要求、接线是否牢固。同时注意接点接触应良好，以避免带负载运转时产生闪弧现象。将存在的问题记录在表 2-6~表 2-8 中。

表 2-6　接触器联锁正、反转控制电路自检情况记录表

自检项目	自检结果	出现问题的原因及解决办法
按照电路图正确接线	电路安装中存在_____处接线错误	
导线线圈反接	导线连接中有_____处反接	
元器件完好、导线无损伤	安装过程中损坏或碰伤元器件、导线有_____处	
布线美观、横平竖直，无交叉	布线不整齐、不美观有____处，有交叉现象_____处	
导线松动，压线	电路安装中存在_____处接线松动，存在_____处压线	
其他问题		

表 2-7　按钮接触器双重联锁正、反转控制电路自检情况记录表

自检项目	自检结果	出现问题的原因及解决办法
按照电路图正确接线	电路安装中存在_____处接线错误	
导线线圈反接	导线连接中有_____处反接	
元器件完好、导线无损伤	安装过程中损坏或碰伤元器件、导线有_____处	
布线美观、横平竖直，无交叉	布线不整齐、不美观有____处，有交叉现象_____处	
导线松动，压线	电路安装中存在_____处接线松动，存在_____处压线	
其他问题		

表 2-8　装料小车控制电路自检情况记录表

自检项目	自检结果	出现问题的原因及解决办法
按照电路图正确接线	电路安装中存在_____处接线错误	
导线线圈反接	导线连接中有_____处反接	
元器件完好、导线无损伤	安装过程中损坏或碰伤元器件、导线有_____处	
布线美观、横平竖直，无交叉	布线不整齐、不美观有____处，有交叉现象_____处	
导线松动，压线	电路安装中存在_____处接线松动，存在_____处压线	
其他问题		

2. 电阻法检测电路是否正常。

按学习任务 1 中电阻法检测电路要求进行检测，填写表 2-9。

表 2-9　自检情况记录表

自检项目	电路名称	自检结果	出现问题的原因及解决办法
控制电路	接触器联锁正、反转控制电路		
	按钮接触器双重联锁正、反转控制电路		
	装料小车控制电路		
主电路	接触器联锁正、反转控制电路		
	按钮接触器双重联锁正、反转控制电路		
	装料小车控制电路		
其他问题	接触器联锁正、反转控制电路		
	按钮接触器双重联锁正、反转控制电路		
	装料小车控制电路		

3. 用兆欧表检查电路的绝缘电阻，将 U、V、W 分别与兆殴表的 L 表笔相连，外壳与 E 相连。其阻值应不小于 $1M\Omega$。将测量结果记录在表 2-10 中。

表 2-10　自检情况记录表

自检项目	自检结果	出现问题的原因及解决办法

4. 电压法检测电路是否正常。

按学习任务 1 中电压法检测电路要求进行检测，填写表 2-11。

表 2-11　自检情况记录表

自检项目	自检结果	出现问题的原因及解决办法
主电路：		
控制电路：		
其他问题		

五、通电试车

断电检查无误后，经教师同意，通电试车，观察电动机的运行状态，测量相关技术参数，若存在故障，及时处理。电动机运行正常无误后，标注有关控制功能的铭牌标签，清理工作现场，交付验收人员检查。通电试车过程中，若出现异常现象，应立即停车，按照前面任务中所学的方法步骤进行检修。小组间相互交流，将各自遇到的故障现象、故障原因和处理方法记录在表 2-12 中。

表 2-12　故障检修记录表

故障现象	故障原因	检修思路

六、项目验收

1. 在验收阶段，各小组派出代表进行交叉验收，并填写详细验收记录，完成表 2-13。

表 2-13　验收过程问题记录表

验收问题	整改措施	完成时间	备注

2. 以小组为单位认真填写任务验收报告（表 2-14），并将学习活动 1 中的工作任务联系单填写完整。

表 2-14　任务验收报告

工程项目名称	装料小车控制电路的安装与检修			
建设单位		联系人		
地址		电话		
施工单位		联系人		
地址		电话		
项目负责人		施工周期		
工程概况				
现存问题		完成时间		
改进措施				
验收结果	主观评价	客观测试	施工质量	材料移交

七、评价

以小组为单位，展示本组安装成果。根据表 2-15 所示评分标准进行评分。

表 2-15　任务测评表

评分内容		分　值	评　分		
			自我评分	小组评分	教师评分
元器件的 定位及 安装	元器件无损伤	20			
	元器件安装平整、对称				
	按电路图装配，元器件位置、极性正确				

续表

评分内容		分值	评分		
			自我评分	小组评分	教师评分
布线	按电路图正确接线	40			
	布线方法、步骤正确，符合工艺要求				
	布线横平竖直、整洁有序，接线紧固美观				
	电源和电动机按钮正确接到端子排上，并准确注明引出端子号				
	接点牢固、接头漏铜长度适中，无反圈、压绝缘层、标记号不清楚、标记号遗漏或误标等问题				
	施工中导线绝缘层或线芯无损伤				
通电调试	热继电器整定值设定正确	30			
	设备正常运转无故障				
	出现故障正确排除				
安全文明生产	遵守安全文明生产规程	10			
	施工完成后认真清理现场				
施工额定用时_____实际用时_____超时扣分_____					
合　计					

学习活动 4　工作总结与评价

 学习目标

1. 能以小组形式，对学习过程和实训成果进行汇报总结。
2. 完成对学习过程的综合评价。

建议课时：4 课时

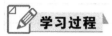 学习过程

一、工作总结

以小组为单位，选择演示文稿、展板、海报、录像等形式中的一种或几种，向全班同学展示、汇报学习成果。

二、综合评价（表 2-16）

表 2-16　综合评价表

评价项目	评价内容	评价标准	评价方式		
			自我评价	小组评价	教师评价
职业素养	安全意识、责任意识	A. 作风严谨，自觉遵章守纪，出色地完成工作任务 B. 能够遵守规章制度、较好地完成工作任务 C. 遵守规章制度、没完成工作任务，或虽完成工作任务但未严格遵守或忽视规章制度 D. 不遵守规章制度，没完成工作任务			
	主动学习态度	A. 积极参与教学活动，全勤 B. 缺勤达本任务总学时的 10% C. 缺勤达本任务总学时的 20% D. 缺勤达本任务总学时的 30%			
	团队合作意识	A. 与同学协作融洽、团队合作意识强 B. 与同学沟通、协同工作能力较强 C. 与同学沟通、协同工作能力一般 D. 与同学沟通困难，协同工作能力较差			
专业能力	学习活动 1 明确任务和勘查现场	A. 按时、完整地完成工作页，问题回答正确，数据记录、图纸绘制准确 B. 按时、完整地完成工作页，问题回答基本正确，数据记录、图纸绘制基本准确 C. 未能按时完成工作页，或内容遗漏、错误较多 D. 未完成工作页			

续表

评价项目	评价内容	评价标准	评价方式		
			自我评价	小组评价	教师评价
专业能力	学习活动2施工前的准备	A. 学习活动评价成绩为90～100分 B. 学习活动评价成绩为75～89分 C. 学习活动评价成绩为60～74分 D. 学习活动评价成绩为0～59分			
	学习活动3现场施工	A. 学习活动评价成绩为90～100分 B. 学习活动评价成绩为75～89分 C. 学习活动评价成绩为60～74分 D. 学习活动评价成绩为0～59分			
创新能力		学习过程中提出具有创新性、可行性的建议	加分奖励：		
学生姓名			综合评定等级		
指导教师			日　期		

学习任务 **3** 降压启动器的 安装与检修

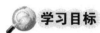 **学习目标**

1. 能通过阅读工作任务联系单和现场勘察，明确工作任务要求。
2. 能正确描述 Y—△减压启动器的功能、结构。
3. 能正确识读电气原理图，正确绘制安装图、接线圈，明确 Y—△减压启动器的控制过程及工作原理。
4. 能按图纸、工艺要求、安全规范等正确安装元器件、完成接线。
5. 能正确使用仪表检测电路安装的正确性，按照安全操作规程完成通电试车。
6. 能正确标注有关控制功能的铭牌标签，施工后能按照管理规定清理施工现场。

建议课时：40 课时

工作场景描述

学校生产实习合作单位某热力公司泵站的 6 台降压启动器线路老化，无法正常工作，需重新更换元器件和线路配线，学校委派电气工程系完成此项任务，重新安装 6 台 Y—△减压启动器取代原降压启动器。

工作流程与活动

1. 明确工作任务
2. 施工前的准备
3. 现场施工
4. 总结与评价

学习活动 1　明确工作任务

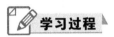 **学习目标**

1. 能通过阅读工作任务联系单，明确工作内容、工时等要求。
2. 能正确描述 Y—△减压启动器的功能、结构。
3. 能准确记录工作现场的环境条件。

建议课时：6 课时

学习过程

一、阅读工作任务联系单

阅读安装工作联系单，说出本次任务的工作内容、时间要求及交接工作的相关负责人等信息，并根据实际情况补充完整。

工作任务联系单

安装项目	降压启动器的安装与检修				
安装周期	两周		制作地点	学校电子实训室	
项目描述					
报修部门	电气工程系	承办人	张三	开始时间	年　月　日
		联系电话	3862291		
制作单位	维修电动班	责任人		承接时间	年　月　日
		联系电话			
制作人员				完成时间	年　月　日
验收意见				验收人	
处室负责人签字		设备科负责人签字			

阅读工作任务联系单，以小组为单位讨论其内容，提炼、总结以下主要信息，再根据教师点评和组间讨论的意见，改正其中的错误和疏漏之处。

（1）该项工作的工作地点是_____。

（2）该项工作的开始时间是_____。

（3）该项工作的完成时间是_____。

（4）该项工作的总用时是_____。

（5）该项工作的报修部门是_____。

（6）该项工作的具体内容是_____。

（7）该项任务交给你和同组人，则你们的角色是_____人（单位）。

（8）该项工作完成后交给_____进行验收。

（9）验收意见应该由_____填写，通常填写的内容可能有_____

_____。

（10）使用工作任务联系单的目的是_____。

二、认识 Y—△减压启动器

Y—△（星形—三角形）降压启动器，是用于辅助电动机降压启动的设备，工作时通过改变电动机的接线方式而改变启动电压，从而降低启动电流。

1．查阅相关资料，回答为什么电动机需要采取降压启动措施？降压启动时和全压运行时分别采用哪种接线方式？

2．在教师指导下，观察 Y—△降压启动器的外形和基本结构，然后对照实物，在图 3-1 中将各部分的名称补充完整。

1—_____；2—_____；3—_____

图 3-1　Y—△降压启动器的外形和基本结构

3．测量启动器控制箱的实际尺寸，记录下来。

4. 观察启动器内部结构，其中包括了哪些元器件，将其型号、规格、数量等信息记录在表 3-1 中。

表 3-1　元器件明细表

序　号	名　称	型号规格	单　位	数　量	备注

学习活动 2 施工前的准备

 学习目标

1. 能正确描述时间继电器的图形符号、文字符号、功能特点及安装要求。
2. 能正确识读电气原理图，明确启动器的控制过程及该电路工作原理。
3. 能正确绘制布置图和接线图。
4. 能根据任务要求和实际情况，合理制订工作计划。

建议课时：10 课时

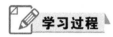 学习过程

一、认识时间继电器

降压启动器中，采用时间继电器来实现电动机从降压启动到全压运行的自动控制。时间继电器是作为辅助元件用于各种保护及自动装置中，使被控元件实现所需要的延时动作的一种继电器。时间继电器利用电磁机构或机械动作，实现当线圈通电或断电以后，触头延迟闭合或断开。如图 3-2 所示为几种常用的时间继电器的外观。对照实物，完成以下内容。

图 3-2　几种常用的时间继电器

1. 常用的时间继电器有哪几种？图 3-2 中所示的时间继电器有哪几种类型？

2. 空气阻尼式时间继电器是一种较常用的时间继电器，又称为气囊式时间继电器，观察空气阻尼式时间继电器外形，查阅相关资料，了解其结构组成，将图 3-3 所示的内容补充完整。

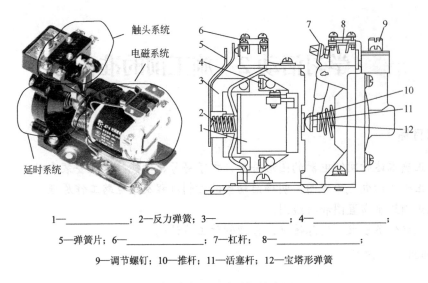

1—＿＿＿＿＿＿＿；2—反力弹簧；3—＿＿＿＿＿＿＿；4—＿＿＿＿＿＿＿；
5—弹簧片；6—＿＿＿＿＿＿＿；7—杠杆；8—＿＿＿＿＿＿＿；
9—调节螺钉；10—推杆；11—活塞杆；12—宝塔形弹簧

图 3-3　空气阻尼式时间继电器

3．根据触头延时的特点，空气阻尼式时间继电器可分为通电延时动作型和断电延时复位型两种。查阅相关资料，说明两者之间的区别。

4．空气阻尼式时间继电器的类型一般通过其型号来描述，查阅相关资料，了解其型号及含义，将以下内容补充完整。

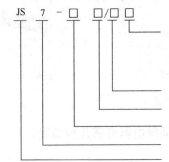

5．如果将通电延时型时间继电器的电磁机构翻转 180° 安装，即成为断电延时型时间继电器。查阅资料，观察实物结构，简要说明其原理。

6. 通过图 3-4 所示两个实验可以直观地理解时间继电器的工作原理。由教师演示或动手实践，观察实验现象，回答以下问题。

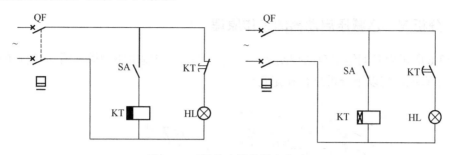

图 3-4 时间继电器的通电实验

（1）写出电路图中各符号的含义。

① QF 表示＿＿＿＿＿＿＿＿＿＿＿＿＿＿＿＿＿＿＿＿＿＿＿＿＿＿＿＿＿

② ▭ 表示＿＿＿＿＿＿＿＿＿＿＿＿＿＿＿＿＿＿＿＿＿＿＿＿＿＿＿＿＿

③ ▭ 表示＿＿＿＿＿＿＿＿＿＿＿＿＿＿＿＿＿＿＿＿＿＿＿＿＿＿＿＿＿

④ KT 表示＿＿＿＿＿＿＿＿＿＿＿＿＿＿＿＿＿＿＿＿＿＿＿＿＿＿＿＿＿

⑤ 表示＿＿＿＿＿＿＿＿＿＿＿＿＿＿＿＿＿＿＿＿＿＿＿＿＿＿＿＿＿

⑥ SA 表示＿＿＿＿＿＿＿＿＿＿＿＿＿＿＿＿＿＿＿＿＿＿＿＿＿＿＿＿＿

⑦ HL 表示＿＿＿＿＿＿＿＿＿＿＿＿＿＿＿＿＿＿＿＿＿＿＿＿＿＿＿＿＿

（2）观察现象并描述。说明通电型和断电型时间继电器的区别。

7. 晶体管时间继电器也称为半导体时间继电器或电子式时间继电器，近年来发展迅速，应用越来越广泛。JS20 系列晶体管时间继电器的外形及接线示意图如图 3-5 所示。查阅相关资料，说明相对于空气阻尼式时间继电器，晶体管时间继电器有哪些优点。

图 3-5 晶体管时间继电器

二、分析 Y—△减压启动器的工作原理

如图3-6所示为时间继电自动控制 Y—△减压启动器控制电路的原理图。在教师的指导下，分析其工作原理，将以下分析过程补充完整。

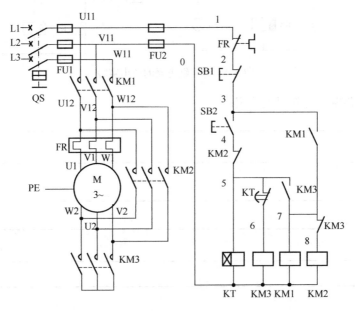

图 3-6　时间继电器自动控制 Y—△降压启动器控制电路

当接触器 KM1 和接触器 KM2，同时得电工作时电动机定子绕组接成____形，电动机工作状态为降压启动。当接触器 KM1 和接触器 KM3 时，同时得电工作时电动机定子绕组接成____形，电动机工作状态为全压运行。

电路的工作原理如下：

首先合上电源开关 QS。然后按下启动按钮 SB2，KM3 线圈得电，KM3 动合触点闭合，KM1 线圈得电，KM1 自锁触点闭合自锁、KM1 主触点闭合；同时，KM3 线圈得电后，KM3 主触点闭合；电动机 M 接成 Y 形降压启动；KM3 联锁触点分断对 KM2 联锁；在 KM3 线圈得电的同时，时间继电器 KT 线圈得电，延时开始，当电动机 M 的转速上升到一定值时，KT 延时结束，KT 动断触点分断，KM3 线圈失电，KM3 动触点分断；KM3 主触点分断，解除 Y 形连接；KM3 联锁触点闭合，KM2 线圈得电，KM2 联锁触点分断对 KM3 联锁；同时 KT 线圈失电，KT 动断触点瞬时闭合，KM2 主触点闭合，电动机 M 接成△形全压运行。

停止时，按下 SB2 即可。

三、绘制布置图和接线图

根据 Y—△减压启动器原理图和实际情况，在图 3-7 中画出其布置图和接线图。

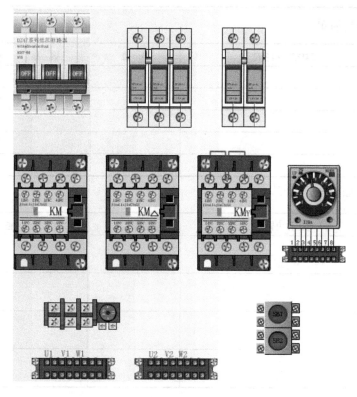

图 3-7 Y—△减压启动器的布置图和接线图

四、制订工作计划

根据任务要求和施工图纸，结合现场勘察的实际情况，制订小组工作计划。

<table>
<tr><td colspan="2" align="center">"降压启动器的安装与检修"工作计划</td></tr>
<tr><td colspan="2">一、人员分工
1. 小组负责人：_____
2. 小组成员及分工</td></tr>
<tr><td align="center">姓　名</td><td align="center">分　工</td></tr>
<tr><td></td><td></td></tr>
<tr><td></td><td></td></tr>
<tr><td></td><td></td></tr>
<tr><td></td><td></td></tr>
<tr><td></td><td></td></tr>
</table>

二、工具及材料清单

序 号	工具或材料名称	单 位	数 量	备 注

三、工序及工期安排

序 号	工作内容	完成时间	备 注

四、完全防护措施

五、评价

以小组为单位，展示本组制订的工作计划。然后在教师点评的基础上对工作计划进行修改完善，并根据表 3-2 进行评分。

表 3-2　任务测评表

评价内容	分 值	评 分		
		自我评价	小组评价	教师评价
计划制订是否有条理	10			
计划是否全面、完善	10			
人员分工是否合理	10			
任务要求是否明确	20			
工具清单是否正确、完整	20			
材料清单是否正确、完整	20			
团结协作	10			
合　计				

学习活动 3 现场施工

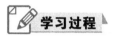 学习目标

1. 能正确安装 Y—△降压启动器。
2. 能正确使用万用表进行电路检测，完成通电试车。
3. 能正确标注有关控制功能的铭牌标签，施工后能按照管理规定清理施工现场。

建议课时：20 课时

学习过程

一、安装元器件和布线

Y—△降压启动器的安装布线和学习任务 2 施工中所涉及的方法、要求基本相同。参照学习任务 2 中所学内容，完成元器件的安装及布线。

施工中，应注意以下问题：

（1）用 Y—△降压启动器控制的电动机，必须有 6 个出线端子且定子绕组在三角形连接时的额定电压等于三相电源线电压。

（2）接线时要保证电动机三角形连接的正确性，即接触器 KM2 主触点闭合时，应保证定子绕组的 U1 与 W2、V1 与 U2、W1 与 V2 相连接。

（3）接触器 KM2 的进线必须从三相定子绕组的末端引入，若误将其从首端引入，则在吸合时，会产生三相电源短路事故。

（4）启动器外部配线，必须按要求一律装在导线通道内，使导线有适当的机械保护，以防止液体、铁屑和灰尘的侵入。

1. 除了前一任务使用的直接安装，根据现场条件的不同，还可以采用轨道安装的形式。你采用的是哪种方式？若采用轨道安装，有哪些操作要点？查阅相关资料，简要说明。

2. 安装过程中遇到了哪些问题？你是如何解决的？记录在表 3-3 中。

表 3-3 电路安装情况记录表

所遇到的问题	解决方法

二、安装完毕后进行自检

参考学习任务 2，用万用表进行自检，自行设计表格，记录自检的项目、过程、测试结果、所遇问题和处理方法。自检无误后，粘贴标签，清理现场。

三、通电试车

1. 通电校验前要再检查一下熔体规格及时间继电器、热继电器的各整定值是否符合要求。查阅相关资料，学习整定的方法，简要写出整定的方法、要求和结果。

2. 断电检查无误后，经教师同意，通电试车，观察电动机的运行状态，测量相关技术参数，若存在故障，及时处理。电动机运行正常无误后，标注有关控制功能的铭牌标签，清理施工现场，交付验收人员检查。

通电试车过程中，若出现异常现象，应立即停车检修。表 3-4 中所示为故障检修的一般步骤，按照步骤提示，在教师的指导下进行检修操作，并记录操作过程和测试结果。

表 3-4　故障检修情况记录表

检修步骤	过程记录
1.观察并记录故障现象	
2.分析故障原因，确定故障范围（通电操作，注意观察故障现象，根据故障现象分析故障原因）	
3.依据电路的工作原理和观察到的故障现象，在电路图上进行分析，确定电路的最小故障范围	
4.在故障检查范围中，采用逻辑分析及正确的测量方法，迅速查找故障并排除	
5.通电试车	

3. 试车过程中自己或其他同学还遇到了哪些问题？相互交流，作好记录，并分析原因，记录处理方法，填入表 3-5 中。

表 3-5 故障分析、检修记录表

故障现象	故障原因	处理方法
通电试车后电动机不能启动		
通电试车后电动机持续低速运转不能恢复到正常转速		
通电后电动机直接全压启动		

四、项目验收

1. 在验收阶段，各小组派出代表进行交叉验收，并填写详细验收记录，完成表 3-6。

表 3-6 验收过程问题记录表

验收问题	整改措施	完成时间	备注

2. 以小组为单位认真填写任务验收报告（表 3-7），并将学习活动 1 中的工作任务联系单填写完整。

表 3-7 任务验收报告

工程项目名称	降压启动器的安装与检修			
建设单位		联系人		
地址		电话		
施工单位		联系人		
地址		电话		
项目负责人		施工周期		
工程概况				
现存问题		完成时间		
改进措施				
验收结果	主观评价	客观测试	施工质量	材料移交

五、评价

以小组为单位，展示本组安装成果。根据表 3-8 进行评分。

表 3-8 任务测评表

评分内容		分 值	评 分		
			自我评分	小组评分	教师评分
元器件的定位及安装	元器件无损伤	20			
	元器件安装平整、对称				
	按电路图装配，元器件位置、极性正确				
布线	按电路图正确接线	40			
	布线方法、步骤正确，符合工艺要求				
	布线横平竖直、整洁有序，接线紧固美观				
	电源和电动机按钮正确接到端子排上，并准确注明引出端子号				
	接点牢固、接头漏铜长度适中，无反圈、压绝缘层、标记号不清楚、标记号遗漏或误标等问题				
	施工中导线绝缘层或线芯无损伤				
通电调试	热继电器整定值设定正确	30			
	设备正常运转无故障				
	出现故障正确排除				
安全文明生产	遵守安全文明生产规程	10			
	施工完成后认真清理现场				
施工额定用时_____实际用时_____超时扣分_____					
合　计					

学习活动 4 工作总结与评价

学习目标

1. 能以小组形式，对学习过程和实训成果进行汇报总结。
2. 完成对学习过程的综合评价。

建议课时：4 课时

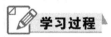学习过程

一、工作总结

以小组为单位，选择演示文稿、展板、海报、录像等形式中的一种或几种，向全班同学展示、汇报学习成果。

二、综合评价（表 3-9）

表 3-9 综合评价表

评价项目	评价内容	评价标准	评价方式		
			自我评价	小组评价	教师评价
职业素养	安全意识、责任意识	A. 作风严谨，自觉遵章守纪，出色地完成工作任务 B. 能够遵守规章制度、较好地完成工作任务 C. 遵守规章制度、没完成工作任务，或虽完成工作任务但未严格遵守或忽视规章制度 D. 不遵守规章制度，没完成工作任务			
	主动学习态度	A. 积极参与教学活动，全勤 B. 缺勤达本任务总学时的 10% C. 缺勤达本任务总学时的 20% D. 缺勤达本任务总学时的 30%			
	团队合作意识	A. 与同学协作融洽、团队合作意识强 B. 与同学沟通、协同工作能力较强 C. 与同学沟通、协同工作能力一般 D. 与同学沟通困难，协同工作能力较差			
专业能力	学习活动 1 明确任务	A. 按时、完整地完成工作页，问题回答正确，数据记录、图纸绘制准确 B. 按时、完整地完成工作页，问题回答基本正确，数据记录、图纸绘制基本准确 C. 未能按时完成工作页，或内容遗漏、错误较多 D. 未完成工作页			

续表

评价项目	评价内容	评价标准	评价方式		
			自我评价	小组评价	教师评价
专业能力	学习活动2 施工前的准备	A. 学习活动评价成绩为 90～100 分 B. 学习活动评价成绩为 75～89 分 C. 学习活动评价成绩为 60～74 分 D. 学习活动评价成绩为 0～59 分			
	学习活动3 现场施工	A. 学习活动评价成绩为 90～100 分 B. 学习活动评价成绩为 75～89 分 C. 学习活动评价成绩为 60～74 分 D. 学习活动评价成绩为 0～59 分			
创新能力		学习过程中提出具有创新性、可行性的建议	加分奖励：		
学生姓名			综合评定等级		
指导教师			日 期		

学习任务 **4** 顺序控制电路的

安装与检修

 学习目标

1. 能通过阅读工作任务联系单和现场勘察，明确工作任务要求。
2. 能正确识读顺序控制电路电气原理图，绘制安装图、接线图，明确顺序控制电路的控制过程及工作原理。
3. 能按图纸、工艺要求、安全规范等正确安装元器件、完成接线。
4. 能正确使用仪表检测电路安装的正确性，按照安全操作规程完成通电试车。
5. 能正确标注有关控制功能的铭牌标签，施工后能按照管理规定清理施工现场。

建议课时：60 课时

 工作场景描述

学校生产实习合作单位某机械加工公司的 2 台顺序控制设备线路老化，无法正常工作，需重新更换元器件和线路配线，学校委派电气工程系完成此项任务，重新安装 2 台顺序控制设备取代原设备。

工作流程与活动

1. 明确工作任务
2. 施工前的准备
3. 现场施工
4. 总结与评价

学习活动 1　明确工作任务

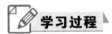 **学习目标**

1. 能通过阅读工作任务联系单，明确工作内容、工时等要求。
2. 能描述顺序控制电路的结构、作用、运动形式及各个电气元件所在位置和作用。

建议课时：8课时

学习过程

一、阅读工作任务联系单

阅读工作任务联系单，说出本次任务的工作内容、时间要求及交接工作的相关负责人等信息，并根据实际情况补充完整。

工作任务联系单

安装项目	顺序控制电路的安装与检修				
安装时间		制作地点		学校电工实训室	
项目描述					
报修部门	电气工程系	承办人	张三	开始时间	年　月　日
		联系电话	3862291		
制作单位	维修电工班	责任人		承接时间	年　月　日
		联系电话			
制作人员				完成时间	年　月　日
验收意见				验收人	
处室负责人签字			设备科负责人签字		

阅读工作任务联系单，以小组为单位讨论其内容，提炼、总结以下主要信息，再根据教师点评和组间讨论的意见，改正其中的错误和疏漏之处。

（1）该项工作的工作地点是_____。

（2）该项工作的开始时间是_____。

（3）该项工作的完成时间是_____。

（4）该项工作的总用时是_____。

（5）该项工作的报修部门是_____。

（6）该项工作的具体内容是_____。

（7）该项任务交给你和同组人，则你们的角色是_____人（单位）。

（8）该项工作完成后交给_____进行验收。

（9）验收意见应该由_____填写，通常填写的内容可能有_____

_____。

（10）使用工作任务联系单的目的是_____。

二、顺序控制电路有几种方式？分别是什么？本电路采用的是什么方式？

学习活动 2 施工前的准备

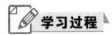

学习目标

1. 能正确识读电气原理图，明确相关低压电器的图形符号、文字符号，分析控制器件的动作过程和电路的控制原理。

2. 能正确绘制安装图、接线圈。

3. 能根据任务要求和实际情况，合理制订工作计划。

建议课时：16 课时

学习过程

一、识读电气原理图

1. 主电路实现顺序启动控制电路，如图 4-1 所示。

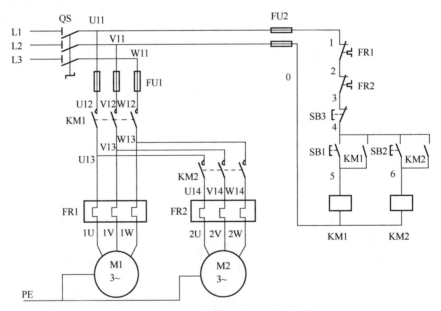

图 4-1 主电路实现顺序启动控制电路

（1）本电路有几台电动机？写出电动机的工作条件。电动机 M1 不工作，电动机 M2 可以工作吗？

（2）电路中有几个热继电器？写出每个热继电器保护范围。它们的常闭触点串联使用的目的是什么？

（3）按钮开关 SB3、SB1、SB2 的作用是什么？

（4）写出本电路的工作原理，及工作时控制电路电流路径。

2. 控制电路实现顺序启动控制电路，如图 4-2 所示。

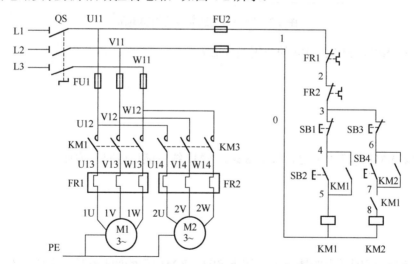

图 4-2　控制电路实现顺序启动控制电路

（1）如果 KM1 线圈不通电，按下 SB2，KM2 线圈能通电吗？为什么？

（2）写出本电路的工作原理，及工作时控制电路电流路径。

3. 顺序启动逆向停止控制电路，如图 4-3 所示。

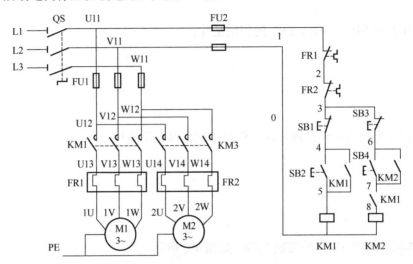

图 4-3 顺序启动逆向停止控制电路

（1）SB1、SB2、SB3、SB4 的作用是什么？

（2）如果 KM1 线圈不通电，按下 SB4，KM2 线圈能通电吗？为什么？

（3）在 KM2 线圈通电的情况下，按下 SB1，KM1 线圈能断电吗？为什么？

（4）写出本电路的工作原理，及工作时控制电路电流路径。

二、绘制布置图和接线图

根据学习任务 1 中绘制接线图的原则画出本电路的接线图。

三、制订工作计划

查阅相关资料，了解任务实施的基本步骤，结合实际情况，制订小组工作计划。

"顺序控制电路的安装与检修"工作计划

一、人员分工

1. 小组负责人：＿＿＿＿＿＿＿＿＿＿＿＿＿＿

2. 小组成员及分工

姓　名	分　工

二、工具及材料清单

序　号	工具或材料名称	单　位	数　量	备　注

三、工序及工期安排

序　号	工作内容	完成时间	备　注

四、完全防护措施

四、评价

以小组为单位，展示本组制订的工作计划。然后在教师点评的基础上对工作计划进行修改完善，并根据表 4-1 进行评分。

表 4-1　任务测评表

评价内容	分　值	评　分		
		自我评价	小组评价	教师评价
计划制订是否有条理	10			
计划是否全面、完善	10			
人员分工是否合理	10			
任务要求是否明确	20			
工具清单是否正确、完整	20			
材料清单是否正确、完整	20			
团结协作	10			
合　计				

学习活动 3 明确工作任务

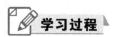 **学习目标**

1. 能正确安装控制电路实现顺序启动逆向停止电路。
2. 能正确使用万用表进行电路检测，完成通电试车，交付验收。
3. 能正确标注有关控制功能的铭牌标签，施工后能按照管理规定清理施工现场。

建议课时：32 课时

学习过程

本活动的基本施工步骤如下：

元器件检测→定位元器件→安装元器件→接线→自检→通电试车（调试）→交付验收。

一、元器件检测

检测元器件，完成表 4-2。

表 4-2 元器件检测表

实物照片	名　称	检测步骤	是否可用

续表

实物照片	名　称	检测步骤	是否可用

二、安装元器件和布线

本工作任务中基本不涉及新元器件，安装工艺、步骤、方法及要求与学习任务 2 和学习任务 3 中的基本相同。对照前面两个任务中电气设备控制电路的安装步骤和工艺要求，完成安装任务。

安装过程中遇到了哪些问题？你是如何解决的？记录在表 4-3 中。

表 4-3　安装情况记录表

所遇问题	解决方法

三、自检

1. 安装完毕后进行自检。

首先直观检查接线是否正确、规范。按电路图或接线图，从电源端开始逐段检查接线及接线端子处线号是否正确、有无漏接或错接之处。检查导线接点是否符合要求、接线是否牢固。同时注意接点接触应良好，以避免带负载运转时产生闪弧现象。将存在的问题记录在表 4-4 中。

表 4-4　自检情况记录表

自检项目	自检结果	出现问题的原因及解决办法
按照电路图正确接线	电路安装中存在_____处接线错误	
导线线圈反接	导线连接中有_____处反接	
元器件完好、导线无损伤	安装过程中损坏或碰伤元器件、导线有_____处	
布线美观、横平竖直，无交叉	布线不整齐、不美观有____处，有交叉现象_____处	
导线松动，压线	电路安装中存在_____处接线松动，存在_____处压线	
其他问题		

2. 电阻法检测电路是否正常。

按学习任务 1 中的电阻法检测电路要求进行检测，完成表 4-5。

表 4-5　自检情况记录表

自检项目	自检结果	出现问题的原因及解决办法
主电路：		
控制电路：		
其他问题		

3.达式用兆欧表检查电路的绝缘电阻，将 U、V、W 分别与兆欧表的 L 表笔相连，外壳与 E 相连。其阻值应不小于1MΩ。将测量结果记录在表 4-6 中。

表 4-6　自检情况记录表

自检项目	自检结果	出现问题的原因及解决办法

续表

自检项目	自检结果	出现问题的原因及解决办法

四、通电试车

断电检查无误后，经教师同意，通电试车，观察电动机的运行状态，测量相关技术参数，若存在故障，及时处理。电动机运行正常无误后，标注有关控制功能的铭牌标签，清理工作现场，交付验收人员检查。通电试车过程中，若出现异常现象，应立即停车，按照前面任务中所学的方法步骤进行检修。小组间相互交流一下，将各自遇到的故障现象、故障原因和处理方法记录在表4-7中。

表4-7 故障检修记录表

故障现象	故障原因	检修思路

五、项目验收

1. 在验收阶段，各小组派出代表进行交叉验收，并填写详细验收记录，完成表4-8。

表4-8 验收过程问题记录表

验收问题	整改措施	完成时间	备 注

2. 以小组为单位认真填写任务验收报告（表4-9），并将学习活动1中的工作任务联系单填写完整。

表 4-9 任务验收报告

工程项目名称	降压启动器的安装与检修			
建设单位		联系人		
地址		电话		
施工单位		联系人		
地址		电话		
项目负责人		施工周期		
工程概况				
现存问题		完成时间		
改进措施				
验收结果	主观评价	客观测试	施工质量	材料移交

六、评价

以小组为单位，展示本组安装成果。根据表 4-10 进行评分。

表 4-10 任务测评表

评分内容		分 值	评 分		
			自我评分	小组评分	教师评分
元器件的定位及安装	元器件无损伤	20			
	元器件安装平整、对称				
	按电路图装配，元器件位置、极性正确				
布线	按电路图正确接线	40			
	布线方法、步骤正确，符合工艺要求				
	布线横平竖直、整洁有序，接线紧固美观				
	电源和电动机按钮正确接到端子排上，并准确注明引出端子号				
	接点牢固、接头漏铜长度适中，无反圈、压绝缘层、标记号不清楚、标记号遗漏或误标等问题				
	施工中导线绝缘层或线芯无损伤				
通电调试	热继电器整定值设定正确	30			
	设备正常运转无故障				
	出现故障正确排除				
安全文明生产	遵守安全文明生产规程	10			
	施工完成后认真清理现场				
施工额定用时_____ 实际用时_____ 超时扣分_____					
合 计					

学习活动 4 工作总结与评价

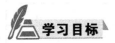 **学习目标**

1. 能以小组形式，对学习过程和实训成果进行汇报总结。
2. 完成对学习过程的综合评价。

建议课时：4课时

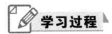 **学习过程**

一、工作总结

以小组为单位，选择演示文稿、展板、海报、录像等形式中的一种或几种，向全班同学展示、汇报学习成果。

二、综合评价（表 4-11）

表 4-11 综合评价表

评价项目	评价内容	评价标准	评价方式		
			自我评价	小组评价	教师评价
职业素养	安全意识、责任意识	A. 作风严谨，自觉遵章守纪，出色地完成工作任务 B. 能够遵守规章制度、较好地完成工作任务 C. 遵守规章制度、没完成工作任务，或虽完成工作任务但未严格遵守或忽视规章制度 D. 不遵守规章制度，没完成工作任务			
	主动学习态度	A. 积极参与教学活动，全勤 B. 缺勤达本任务总学时的 10% C. 缺勤达本任务总学时的 20% D. 缺勤达本任务总学时的 30%			
	团队合作意识	A. 与同学协作融洽、团队合作意识强 B. 与同学沟通、协同工作能力较强 C. 与同学沟通、协同工作能力一般 D. 与同学沟通困难，协同工作能力较差			
专业能力	学习活动 1 明确任务	A. 按时、完整地完成工作页，问题回答正确，数据记录、图纸绘制准确 B. 按时、完整地完成工作页，问题回答基本正确，数据记录、图纸绘制基本准确 C. 未能按时完成工作页，或内容遗漏、错误较多 D. 未完成工作页			

续表

评价项目	评价内容	评价标准	评价方式		
			自我评价	小组评价	教师评价
专业能力	学习活动 2 施工前的准备	A. 学习活动评价成绩为 90～100 分 B. 学习活动评价成绩为 75～89 分 C. 学习活动评价成绩为 60～74 分 D. 学习活动评价成绩为 0～59 分			
	学习活动 3 现场施工	A. 学习活动评价成绩为 90～100 分 B. 学习活动评价成绩为 75～89 分 C. 学习活动评价成绩为 60～74 分 D. 学习活动评价成绩为 0～59 分			
创新能力		学习过程中提出具有创新性、可行性的建议	加分奖励：		
学生姓名			综合评定等级		
指导教师			日　期		

学习任务 5 电动机制动控制电路的 安装与检修

学习目标

1. 能通过阅读工作任务联系单和现场勘察，明确工作任务要求。
2. 能正确识读电动机制动控制电路电气原理图，绘制安装图、接线图，明确电动机制动控制电路的控制过程及工作原理。
3. 能按图纸、工艺要求、安全规范等正确安装元器件、完成接线。
4. 能正确使用仪表检测电路安装的正确性，按照安全操作规程完成通电试车。
5. 能正确标注有关控制功能的铭牌标签，施工后能按照管理规定清理施工现场。

建议课时：60 课时

 ## 工作场景描述

学校生产实习合作单位某机械加工公司的 2 台设备的制动控制线路老化，无法正常工作，需重新更换元器件和线路配线，学校委派电气工程系完成此项任务，重新安装 2 台控制设备的制动控制电路取代原设备。

 ## 工作流程与活动

1. 明确工作任务
2. 施工前的准备
3. 现场施工
4. 总结与评价

学习活动 1　明确工作任务

学习目标

1. 能通过阅读工作任务联系单，明确工作内容、工时等要求。
2. 能描述电动机制动控制电路的结构、作用、运动形式及各个电气元件所在位置和作用。

建议课时：8 课时

学习过程

一、阅读工作任务联系单

阅读工作任务联系单，说出本次任务的工作内容、时间要求及交接工作的相关负责人等信息，并根据实际情况补充完整。

工作任务联系单

安装项目	电动机制动控制电路的安装与检修				
安装时间			制作地点	学校电工实训室	
项目描述					
报修部门	电气工程系	承办人	张三	开始时间	年　月　日
		联系电话	3862291		
制作单位	电工电子班	责任人		承接时间	年　月　日
		联系电话			
制作人员				完成时间	年　月　日
验收意见				验收人	
处室负责人签字		设备科负责人签字			

阅读工作任务联系单，以小组为单位讨论其内容，提炼、总结以下主要信息，再根据教师点评和组间讨论的意见，改正其中的错误和疏漏之处。

（1）该项工作的工作地点是＿＿＿＿＿＿＿＿＿＿＿＿＿＿＿＿＿＿。

（2）该项工作的开始时间是＿＿＿＿＿＿＿＿＿＿＿＿＿＿＿＿。

（3）该项工作的完成时间是＿＿＿＿＿＿＿＿＿＿＿＿＿＿＿。

（4）该项工作的总用时是＿＿＿＿＿＿＿＿＿＿＿＿＿。

（5）该项工作的报修部门是＿＿＿＿＿＿＿＿＿＿＿。

（6）该项工作的具体内容是＿＿＿＿＿＿＿＿＿＿＿＿＿＿＿＿＿＿＿＿＿。

（7）该项任务交给你和同组人，则你们的角色是＿＿＿＿＿＿人（单位）。

（8）该项工作完成后交给＿＿＿＿＿＿＿＿进行验收。

（9）验收意见应该由＿＿＿＿＿＿填写，通常填写的内容可能有＿＿＿＿＿＿
＿＿＿＿＿＿＿＿＿＿＿＿＿＿。

（10）使用工作任务联系单的目的是＿＿＿＿＿＿＿＿＿＿＿＿＿＿＿＿＿＿。

二、电动机为什么要进行制动？什么叫电动机制动？电动机常用的制动方法有几大类，分别是什么？电气制动有几种方法，分别是什么？

三、本电路采用的是什么制动方法？

学习活动 2 施工前的准备

学习目标

1. 能正确识读电气原理图，明确相关低压电器的图形符号、文字符号，分析控制器件的动作过程和电路的控制原理。
2. 能正确绘制安装图、接线圈。
3. 能根据任务要求和实际情况，合理制订工作计划。

建议课时： 16 课时

学习过程

一、认识元器件

认识元器件，完成表 5-1。

表 5-1 元器件明细表

实物照片	元器件名称	文字符号	型号及含义
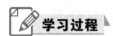			

1. 整流二极管有正、负吗？判断出二极管的正、负极，写出二极管的特性。

2. 查阅资料，写出如图 5-1 所示的速度继电器结构示意图中各数字的名称。画出转子、动合触电、动断触电的电气符号。写出速度继电器的工作原理。

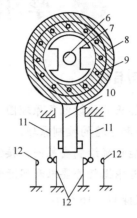

图 5-1　速度继电器结构示意图

二、识读电气原理图

1. 单方向能耗制动控制电路，如图 5-2 所示。

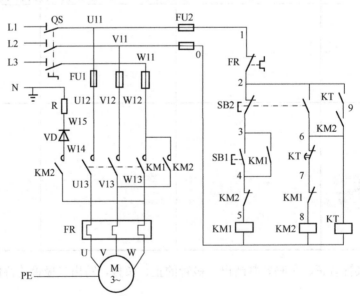

图 5-2　单方向能耗制动控制电路

（1）什么叫能耗制动？能耗制动的适用场合有哪些？缺点是什么？

（2）按钮开关 SB1、SB2 的作用是什么？

（3）电路中 R VD 这两个元件的作用是什么？

（4）电路中 KM1、KM2 的作用是什么？两个元件可以同时工作吗？为什么？电路中采用什么方式防止 KM1、KM2 同时工作？制动时，主电路输入电压是多少？

（5）写出本电路的工作原理，及工作时控制电路电流路径。

2. 正反转能耗制动控制电路，如图 5-3 所示。

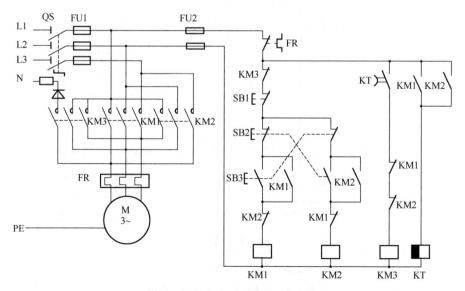

图 5-3 正反转能耗制动控制电路

（1）本电路采用的是什么整流？

（2）电路中 KM1、KM2、KM3 的作用是什么？三个元件可以同时工作吗？为什么？电路中采用什么方式防止 KM1、KM2、KM3 同时工作？

（3）写出本电路的工作原理，及工作时控制电路电流路径。

3. 单方向反接制动控制电路，如图 5-4 所示。

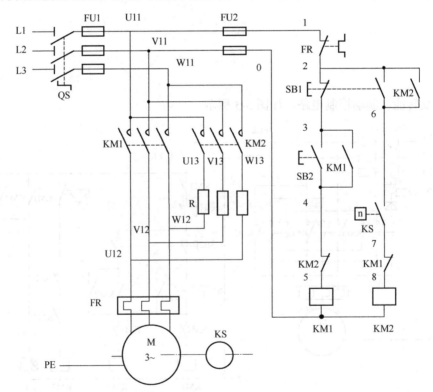

图 5-4　单方向反接制动控制电路

（1）什么叫反接制动？反接制动的适用场合有哪些？缺点是什么？

（2）SB2、SB1 的作用是什么？

（3）电阻 R 的作用是什么？其大小如何选择？

（4）写出本电路的工作原理，及工作时控制电路电流路径。

三、绘制布置图和接线图

根据学习任务 1 中的接线图原则画出本电路的布置图和接线图。

四、制订工作计划

查阅相关资料，了解任务实施的基本步骤，结合实际情况，制订小组工作计划。

"电动机制动控制电路安装与检修"工作计划

一、人员分工

1. 小组负责人：_____

2. 小组成员及分工

姓　名	分　工

二、工具及材料清单

序　号	工具或材料名称	单　位	数　量	备　注

三、工序及工期安排

序　号	工作内容	完成时间	备　注

四、完全防护措施

五、评价

以小组为单位，展示本组制订的工作计划。然后在教师点评的基础上对工作计划进行修改完善，并根据表 5-2 评分标准进行评分。

表 5-2　任务测评表

评价内容	分值	评分		
		自我评价	小组评价	教师评价
计划制订是否有条理	10			
计划是否全面、完善	10			
人员分工是否合理	10			
任务要求是否明确	20			
工具清单是否正确、完整	20			
材料清单是否正确、完整	20			
团结协作	10			
合　计				

学习活动 3　现场施工

学习目标

1. 能正确安装单方向的能耗制动控制电路。
2. 能正确使用万用表进行电路检测，完成通电试车，交付验收。
3. 能正确标注有关控制功能的铭牌标签，施工后能按照管理规定清理施工现场。

建议课时：32 课时

学习过程

本活动的基本施工步骤如下：

元器件检测→定位元器件→安装元器件→接线→自检→通电试车（调试）→交付验收。

一、元器件检测

检测元器件，完成表 5-3。

表 5-3　元器件检测记录表

实物照片	名　称	检测步骤	是否可用

续表

实物照片	名　称	检测步骤	是否可用

二、安装元器件和布线

本工作任务中基本不涉及新元器件，安装工艺、步骤、方法及要求与学习任务 2 和学习任务 3 中的基本相同。对照前面两个任务中电气设备控制电路的安装步骤和工艺要求，完成安装任务。

安装过程中遇到了哪些问题？你是如何解决的？记录在表 5-4 中。

表 5-4 安装过程记录表

所遇问题	解决方法

三、自检

1. 安装完毕后进行自检。

首先直观检查接线是否正确、规范。按电路图或接线图，从电源端开始逐段检查接线及接线端子处线号是否正确、有无漏接或错接之处。检查导线接点是否符合要求、接线是否牢固。同时注意接点接触应良好，以避免带负载运转时产生闪弧现象。将存在的问题记录在表 5-5 中。

表 5-5 自检情况记录表

自检项目	自检结果	出现问题的原因及解决办法
按照电路图正确接线	电路安装中存在_____处接线错误	
导线线圈反接	导线连接中有_____处反接	
元器件完好、导线无损伤	安装过程中损坏或碰伤元器件、导线有_____处	
布线美观、横平竖直，无交叉	布线不整齐、不美观有____处，有交叉现象_____处	
导线松动，压线	电路安装中存在_____处接线松动，存在_____处压线	
其他问题		

2. 电阻法检测电路是否正常。

按学习任务 1 中的电阻法检测电路要求进行检测，完成表 5-6。

表 5-6 自检情况记录表

自检项目	自检结果	出现问题的原因及解决办法
主电路:		
控制电路:		
其他问题		

3. 用兆欧表检查电路的绝缘电阻，将 U、V、W 分别与兆殴表的 L 表笔相连，外壳与 E 相连。其阻值应不小于 1MΩ。将测量结果记录在表 5-7 中。

表 5-7 自检情况记录表

自检项目	自检结果	出现问题的原因及解决办法

四、通电试车

断电检查无误后,经教师同意,通电试车,观察电动机的运行状态,测量相关技术参数,若存在故障,及时处理。电动机运行正常无误后,标注有关控制功能的铭牌标签,清理工作现场,交付验收人员检查。通电试车过程中,若出现异常现象,应立即停车,按照前面任务中所学的方法步骤进行检修。小组间相互交流一下,将各自遇到的故障现象、故障原因和处理方法记录在表 5-8 中。

表 5-8 故障检修记录表

故障现象	故障原因	检修思路

五、项目验收

1. 在验收阶段,各小组派出代表进行交叉验收,并填写详细验收记录,完成表 5-9。

表 5-9 验收过程问题记录表

验收问题	整改措施	完成时间	备注

2. 以小组为单位认真填写任务验收报告(表 5-10),并将学习活动 1 中的工作任务联系单填写完整。

表 5-10　任务验收报告

工程项目名称	电动机制动控制电路的安装与调试			
建设单位		联系人		
地址		电话		
施工单位		联系人		
地址		电话		
项目负责人		施工周期		
工程概况				
现存问题		完成时间		
改进措施				
验收结果	主观评价	客观测试	施工质量	材料移交

六、评价

以小组为单位，展示本组安装成果。根据表 5-11 进行评分。

表 5-11　任务测评表

评分内容		分值	评分		
			自我评分	小组评分	教师评分
元器件的定位及安装	元器件无损伤	20			
	元器件安装平整、对称				
	按电路图装配，元器件位置、极性正确				
布线	按电路图正确接线	40			
	布线方法、步骤正确，符合工艺要求				
	布线横平竖直、整洁有序，接线紧固美观				
	电源和电动机按钮正确接到端子排上，并准确注明引出端子号				
	接点牢固、接头漏铜长度适中，无反圈、压绝缘层、标记号不清楚、标记号遗漏或误标等问题				
	施工中导线绝缘层或线芯无损伤				
通电调试	热继电器整定值设定正确	30			
	设备正常运转无故障				
	出现故障正确排除				
安全文明生产	遵守安全文明生产规程	10			
	施工完成后认真清理现场				
施工额定用时_____　实际用时_____　超时扣分_____					
合　计					

学习活动 4　工作总结与评价

**学习目标**

1. 能以小组形式，对学习过程和实训成果进行汇报总结。
2. 完成对学习过程的综合评价。

建议课时：4 课时

**学习过程**

一、工作总结

以小组为单位，选择演示文稿、展板、海报、录像等形式中的一种或几种，向全班同学展示、汇报学习成果。

二、综合评价（表 5-12）

表 5-12　综合评价表

评价项目	评价内容	评价标准	评价方式		
			自我评价	小组评价	教师评价
职业素养	安全意识、责任意识	A. 作风严谨，自觉遵章守纪，出色地完成工作任务 B. 能够遵守规章制度、较好地完成工作任务 C. 遵守规章制度、没完成工作任务，或虽完成工作任务但未严格遵守或忽视规章制度 D. 不遵守规章制度，没完成工作任务			
	学习态度主动	A. 积极参与教学活动，全勤 B. 缺勤达本任务总学时的 10% C. 缺勤达本任务总学时的 20% D. 缺勤达本任务总学时的 30%			
	团队合作意识	A. 与同学协作融洽、团队合作意识强 B. 与同学沟通、协同工作能力较强 C. 与同学沟通、协同工作能力一般 D. 与同学沟通困难，协同工作能力较差			
专业能力	学习活动1明确任务	A. 按时、完整地完成工作页，问题回答正确，数据记录、图纸绘制准确 B. 按时、完整地完成工作页，问题回答基本正确，数据记录、图纸绘制基本准确 C. 未能按时完成工作页，或内容遗漏、错误较多 D. 未完成工作页			

续表

评价项目	评价内容	评价标准	评价方式		
			自我评价	小组评价	教师评价
专业能力	学习活动2施工前的准备	A. 学习活动评价成绩为90～100分 B. 学习活动评价成绩为75～89分 C. 学习活动评价成绩为60～74分 D. 学习活动评价成绩为0～59分			
	学习活动3现场施工	A. 学习活动评价成绩为90～100分 B. 学习活动评价成绩为75～89分 C. 学习活动评价成绩为60～74分 D. 学习活动评价成绩为0～59分			
创新能力		学习过程中提出具有创新性、可行性的建议	加分奖励：		
学生姓名			综合评定等级		
指导教师			日　期		

学习任务 6 双速异步电动机控制电路的安装与检修

学习目标

1. 能通过阅读工作任务联系单和现场勘察，明确工作任务要求。
2. 能正确识读双速异步电动机控制电路原理图，绘制安装图、接线图，明确双速异步电动机控制电路的控制过程及工作原理。
3. 能按图纸、工艺要求、安全规范等正确安装元器件、完成接线。
4. 能正确使用仪表检测电路安装的正确性，按照安全操作规程完成通电试车。
5. 能正确标注有关控制功能的铭牌标签，施工后能按照管理规定清理施工现场。

建议课时：30 课时

工作场景描述

学校生产实习合作单位某机械加工公司的 2 台双速异步电动机控制线路老化，无法正常工作，需重新更换元器件和线路配线，学校委派电气工程系完成此项任务，重新安装 2 台控制设备的双速异步电动机控制电路取代原设备。

工作流程与活动

1. 明确工作任务
2. 施工前的准备
3. 现场施工
4. 总结与评价

 **学习活动 1　明确工作任务**

学习目标

1. 能通过阅读工作任务联系单，明确工作内容、工时等要求。
2. 能描述双速异步电动机电路的结构、作用、运动形式及各个电气元件所在位置和作用。

建议课时：4 课时

学习过程

一、阅读工作任务联系单

阅读工作任务联系单，说出本次任务的工作内容、时间要求及交接工作的相关负责人等信息，并根据实际情况补充完整。

工作任务联系单

安装项目	双速异步电动机控制电路的安装与检修				
安装时间			制作地点	学校电工实训室	
项目描述					
报修部门	电气工程系	承办人	张三	开始时间	年　月　日
		联系电话	3862291		
制作单位	电工电子班	责任人		承接时间	年　月　日
		联系电话			
制作人员				完成时间	年　月　日
验收意见				验收人	
处室负责人签字			设备科负责人签字		

阅读工作任务联系单，以小组为单位讨论其内容，提炼、总结以下主要信息，再根据教师点评和组间讨论的意见，改正其中的错误和疏漏之处。

（1）该项工作的工作地点是_____。

（2）该项工作的开始时间是_____。

（3）该项工作的完成时间是_____。

（4）该项工作的总用时是_____。

（5）该项工作的报修部门是_____。

（6）该项工作的具体内容是_____。

（7）该项任务交给你和同组人，则你们的角色是_____人（单位）。

（8）该项工作完成后交给_____进行验收。

（9）验收意见应该由_____填写，通常填写的内容可能有_____

_____。

（10）使用工作任务联系单的目的是_____。

二、双速异步电动机的应用场合有哪些？

学习活动 2 施工前的准备

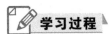 **学习目标**

1. 能正确识读电气原理图，明确相关低压电器的图形符号、文字符号，分析控制器件的动作过程和电路的控制原理。

2. 能正确绘制安装图、接线圈。

3. 能根据任务要求和实际情况，合理制订工作计划。

建议课时：6课时

学习过程

一、认识元器件

1. 改变异步电动机的转速的方法有哪些？三相笼型异步电动机主要采用什么方法？

查阅资料，分别写出双速异步电动机在低速和高速时的极数和转速，分别画出定子绕组的连接方法。

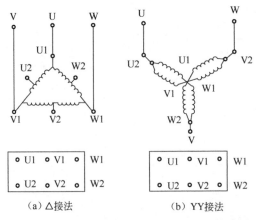

（a）△接法　　　　（b）YY接法

图6-1 异步电动机三相定子绕组△/YY 接线图

二、识读电气原理图

1. 接触器控制双速异步电动机控制电路，如图 6-2 所示。

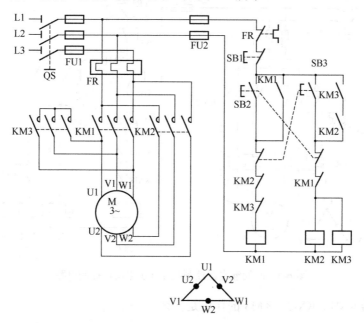

图 6-2　接触器控制双速异步电动机控制电路

（1）接触器 KM1、KM2、KM3 的作用是什么？KM1、KM2 两个元件可以同时工作吗？为什么？电路中采用什么方式防止 KM1、KM2 同时工作？KM1、KM3 两个元件可以同时工作吗？为什么？电路中采用什么方式防止 KM1、KM3 同时工作？

（2）按钮开关 SB1、SB2、SB3 的作用是什么？

（3）写出本电路的工作原理，及工作时控制电路电流路径。

2. 时间继电器控制双速异步电动机控制电路，如图 6-3 所示。

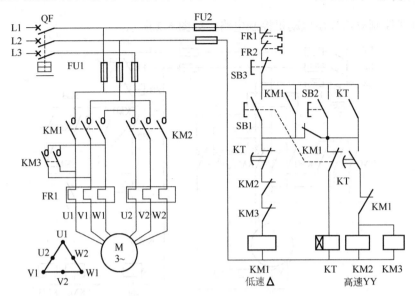

图 6-3 时间继电器控制双速异步电动机控制电路

（1）接触器 KM1、KM2、KM3 的作用是什么？

（2）SB1、SB2 的作用是什么？SB1 常闭开关在电路中的作用是什么？

（3）电动机在低速运行时，按下高速启动按钮，能马上转换为高速运行吗？为什么？

（4）写出本电路的工作原理，及工作时控制电路电流路径。

三、绘制布置图和接线图

根据学习任务 1 中的接线图原则画出本电路的布置图和接线图。

四、制订工作计划

查阅相关资料，了解任务实施的基本步骤，结合实际情况，制订小组工作计划。

"双速异步电动机控制电路的安装与检修" 工作计划

一、人员分工

1. 小组负责人：_____

2. 小组成员及分工

姓　名	分　工

二、工具及材料清单

序　号	工具或材料名称	单　位	数　量	备　注

三、工序及工期安排

序　号	工作内容	完成时间	备　注

四、完全防护措施

五、评价

以小组为单位，展示本组制订的工作计划。然后在教师点评的基础上对工作计划进行修改完善，并根据表 6-1 评分标准进行评分。

表 6-1　测评表

评价内容	分　值	评　分		
		自我评价	小组评价	教师评价
计划制订是否有条理	10			
计划是否全面、完善	10			
人员分工是否合理	10			
任务要求是否明确	20			
工具清单是否正确、完整	20			
材料清单是否正确、完整	20			
团结协作	10			
合　计				

学习活动 3 现场施工

学习目标

1. 能正确安装单方向的能耗制动控制电路。
2. 能正确使用万用表进行电路检测，完成通电试车，交付验收。
3. 能正确标注有关控制功能的铭牌标签，施工后能按照管理规定清理施工现场。

建议课时：32 课时

学习过程

本活动的基本施工步骤如下：

元器件检测→定位元器件→安装元器件→接线→自检→通电试车（调试）→交付验收。

一、元器件检测

检测元器件，完成表 6-2。

表 6-2 元器件检测记录表

实物照片	名　称	检测步骤	是否可用

实物照片	名　称	检测步骤	是否可用

二、安装元器件和布线

本工作任务中基本不涉及新元器件，安装工艺、步骤、方法及要求与学习任务 2 和学习任务 3 中的基本相同。对照前面两个任务中电气设备控制电路的安装步骤和工艺要求，完成安装任务。

安装过程中遇到了哪些问题？你是如何解决的？记录在表 6-3 中。

表 6-3　安装过程记录表

所遇问题	解决方法

三、自检

1. 安装完毕后进行自检。

首先直观检查接线是否正确、规范。按电路图或接线图，从电源端开始逐段检查接线及接线端子处线号是否正确、有无漏接或错接之处。检查导线接点是否符合要求、接线是否牢固。同时注意接点接触应良好，以避免带负载运转时产生闪弧现象。将存在的问题记录在表 6-4 中。

表 6-4 自检情况记录表

自检项目	自检结果	出现问题的原因及解决办法
按照电路图正确接线	电路安装中存在_____处接线错误	
导线线圈反接	导线连接中有_____处反接	
元器件完好、导线无损伤	安装过程中损坏或碰伤元器件、导线有_____处	
布线美观、横平竖直，无交叉	布线不整齐、不美观有____处，有交叉现象_____处	
导线松动，压线	电路安装中存在_____处接线松动，存在_____处压线	
其他问题		

2. 电阻法检测电路是否正常

按学习任务 1 中的电阻法检测电路要求进行检测，完成表 6-5。

表 6-5 自检情况记录表

自检项目	自检结果	出现问题的原因及解决办法
主电路：		
控制电路：		
其他问题		

3. 用兆欧表检查电路的绝缘电阻，将 U、V、W 分别与兆殴表的 L 表笔相连，外壳与 E 相连。其阻值应不小于 $1M\Omega$。将测量结果记录在表 6-6 中。

表 6-6 自检情况记录表

自检项目	自检结果	出现问题的原因及解决办法

续表

自检项目	自检结果	出现问题的原因及解决办法

四、通电试车

断电检查无误后，经教师同意，通电试车，观察电动机的运行状态，测量相关技术参数，若存在故障，及时处理。电动机运行正常无误后，标注有关控制功能的铭牌标签，清理工作现场，交付验收人员检查。通电试车过程中，若出现异常现象，应立即停车，按照前面任务中所学的方法步骤进行检修。小组间相互交流一下，将各自遇到的故障现象、故障原因和处理方法记录在表 6-7 中。

表 6-7　故障检修记录表

故障现象	故障原因	检修思路

五、项目验收

1. 在验收阶段，各小组派出代表进行交叉验收，并填写详细验收记录，完成表 6-8。

表 6-8　验收过程问题记录表

验收问题	整改措施	完成时间	备注

2. 以小组为单位认真填写任务验收报告（表 6-9），并将学习活动 1 中的工作任务联系单填写完整。

表 6-9 任务验收报告

工程项目名称	双速异步电动机控制电路的安装与调试			
建设单位		联系人		
地址		电话		
施工单位		联系人		
地址		电话		
项目负责人		施工周期		
工程概况				
现存问题		完成时间		
改进措施				
验收结果	主观评价	客观测试	施工质量	材料移交

六、评价

以小组为单位，展示本组安装成果。根据 6-10 进行评分。

表 6-10 任务测评表

评分内容		分值	评分		
			自我评分	小组评分	教师评分
元器件的定位及安装	元器件无损伤	20			
	元器件安装平整、对称				
	按电路图装配，元器件位置、极性正确				
布线	按电路图正确接线	40			
	布线方法、步骤正确，符合工艺要求				
	布线横平竖直、整洁有序，接线紧固美观				
	电源和电动机按钮正确接到端子排上，并准确注明引出端子号				
	接点牢固、接头漏铜长度适中，无反圈、压绝缘层、标记号不清楚、标记号遗漏或误标等问题				
	施工中导线绝缘层或线芯无损伤				
通电调试	热继电器整定值设定正确	30			
	设备正常运转无故障				
	出现故障正确排除				
安全文明生产	遵守安全文明生产规程	10			
	施工完成后认真清理现场				
施工额定用时_____实际用时_____超时扣分_____					
合　计					

学习活动 4 工作总结与评价

 **学习目标**

1. 能以小组形式，对学习过程和实训成果进行汇报总结。
2. 完成对学习过程的综合评价。

建议课时：4 课时

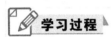 **学习过程**

一、工作总结

以小组为单位，选择演示文稿、展板、海报、录像等形式中的一种或几种，向全班同学展示、汇报学习成果。

二、综合评价（表 6-11）

表 6-11 综合评价表

评价项目	评价内容	评价标准	评价方式		
			自我评价	小组评价	教师评价
职业素养	安全意识、责任意识	A. 作风严谨，自觉遵章守纪，出色地完成工作任务 B. 能够遵守规章制度、较好地完成工作任务 C. 遵守规章制度、没完成工作任务，或虽完成工作任务但未严格遵守或忽视规章制度 D. 不遵守规章制度，没完成工作任务			
	学习态度主动	A. 积极参与教学活动，全勤 B. 缺勤达本任务总学时的 10% C. 缺勤达本任务总学时的 20% D. 缺勤达本任务总学时的 30%			
	团队合作意识	A. 与同学协作融洽、团队合作意识强 B. 与同学沟通、协同工作能力较强 C. 与同学沟通、协同工作能力一般 D. 与同学沟通困难，协同工作能力较差			
专业能力	学习活动 1 明确任务	A. 按时、完整地完成工作页，问题回答正确，数据记录、图纸绘制准确 B. 按时、完整地完成工作页，问题回答基本正确，数据记录、图纸绘制基本准确 C. 未能按时完成工作页，或内容遗漏、错误较多 D. 未完成工作页			

续表

评价项目	评价内容	评价标准	评价方式		
			自我评价	小组评价	教师评价
专业能力	学习活动2 施工前的准备	A. 学习活动评价成绩为 90~100 分 B. 学习活动评价成绩为 75~89 分 C. 学习活动评价成绩为 60~74 分 D. 学习活动评价成绩为 0~59 分			
	学习活动3 现场施工	A. 学习活动评价成绩为 90~100 分 B. 学习活动评价成绩为 75~89 分 C. 学习活动评价成绩为 60~74 分 D. 学习活动评价成绩为 0~59 分			
创新能力		学习过程中提出具有创新性、可行性的建议	加分奖励：		
学生姓名			综合评定等级		
指导教师			日　期		